DUO CHIDU ZHUZHUANG JIELI YANTI
SHUZHI FENXI

—— 多尺度柱状节理岩体数值分析

徐建荣　孟庆祥　何明杰　王环玲◎著

河海大学出版社
HOHAI UNIVERSITY PRESS
·南京·

内容简介

本书介绍柱状节理岩体的多尺度特性与数值模拟方法和分析理论。第一部分(第1~3章)介绍了柱状节理岩体地质结构特征、工程力学特性及几何建模方法。第二部分(第4~6章)研究柱状节理岩体精细结构的细观力学模拟。第三部分(第7~8章)介绍了柱状节理岩体数值均匀化理论并开发基于并行计算的混合多尺度力学分析程序。第四部分(第9章)为柱状节理岩体工程的多尺度仿真,将提出的理论研究成果应用于白鹤滩水电站高拱坝典型柱状节理岩体工程实践。

本书可供高等院校、科研院所、勘测设计施工管理单位等从事水利水电、土木工程和能源工程等领域的研究生、科研人员、工程技术人员参考使用。

图书在版编目(ＣＩＰ)数据

多尺度柱状节理岩体数值分析 / 徐建荣等著. -- 南京 : 河海大学出版社, 2023.12
  ISBN 978-7-5630-8445-6

Ⅰ. ①多… Ⅱ. ①徐… Ⅲ. ①节理岩体-数值分析 Ⅳ. ①P583

中国国家版本馆 CIP 数据核字(2023)第 196954 号

书　　名	多尺度柱状节理岩体数值分析
书　　号	ISBN 978-7-5630-8445-6
责任编辑	高晓珍
特约校对	张绍云
装帧设计	徐娟娟
出版发行	河海大学出版社
网　　址	http://www.hhup.com
地　　址	南京市西康路 1 号(邮编:210098)
电　　话	(025)83737852(总编室)　(025)83722833(营销部)
经　　销	江苏省新华发行集团有限公司
排　　版	南京布克文化发展有限公司
印　　刷	广东虎彩云印刷有限公司
开　　本	718 毫米×1000 毫米　1/16
印　　张	12.5
字　　数	210 千字
版　　次	2023 年 12 月第 1 版
印　　次	2023 年 12 月第 1 次印刷
定　　价	98.00 元

前言
PREFACE

柱状节理是玄武熔岩流中一种广泛发育的呈多边形柱状形态的原生张性破裂构造,在我国西南水电开发区域广泛分布。据初步勘察,西南地区至少有8个大中型水电站(如:白鹤滩、金安桥、溪洛渡、铜子街、官地等)涉及柱状节理岩体。柱状节理岩体作为特殊结构岩体,具有独特的地质面貌,早在1693年便引起了学者的关注,但其工程力学性质鲜有研究。尤其是在水电工程建设中,将其作为工程岩体尚属先例(如水工建筑物的承载体)。柱状节理岩体的高度不连续性和各向异性在变形特性、应力传递、破坏机理及长期稳定性上都对工程安全提出了挑战。

白鹤滩工程是我国水电建设的又一高峰,开创了以柱状节理玄武岩为高拱坝坝基的世界先例。在坝基、隧洞、厂房均存在柱状节理玄武岩,柱状节理玄武岩松弛特性和处理措施的研究贯穿白鹤滩水电站工程设计全过程。柱状节理岩体具有非连续性、非均匀性、非线性和各向异性等复杂力学行为,是一种工程力学性质较差的特殊岩体。受限于柱状节理岩体的尺寸效应,现场和室内试验都比较困难。因此,数值模拟是研究柱状节理岩体的物理力学特性的重要方法,为白鹤滩水电站的顺利建设提供科学支撑和分析工具。

本书介绍柱状节理岩体的多尺度特性与数值模拟方法和分析理论。第1～3章详细介绍了柱状节理岩体地质结构特征、工程力学特性及几何建模方法,第4～6章主要研究了柱状节理岩体精细结构的细观力学模拟方法,第7～8章介绍了柱状节理岩体数值均匀化理论并开发了基于并行计算的混合多尺度力学分析程序,第9章为柱状节理岩体工程的多尺度仿真实例,将本书理论研究成果应用于白鹤滩水电站高拱坝典型柱状节理岩体工程实践。

本书得到了国家重点研发计划项目(2018YFC0407000)、国家自然科学基金重点项目(51939004)、国家自然科学基金(51479049、11172090、50979030、11572110、11772116、51709089)以及金沙江白鹤滩重大水电工程应用项目的资助,在此表示衷心感谢。

由于作者的水平有限,书中难免有不妥之处,敬请各位专家、学者和广大读者批评指正。

目录
CONTENTS

第1章

绪 论

天然岩土体形成经历了漫长的地质构造和地质变迁,从各种地质构造运动中的温度与应力变化、风化剥蚀作用到人类工程活动的扰动,具有明显的结构特征。与人工建筑材料相比,天然岩土体材料力学行为极为复杂,表现为不连续性、非均质性、各向异性和力学响应的非线性。岩土体的力学行为与细观结构特征有着密切的联系。

柱状节理是玄武熔岩流中一种广泛发育的呈多边形柱状形态的原生张性破裂构造,是由地壳浅部的玄武岩熔浆沿活动断层大规模喷发溢流至地表后冷凝收缩而形成[1]。柱状节理岩体在我国西南水电开发区域广泛分布。据初步勘察,西南地区至少有白鹤滩、金安桥、溪洛渡、铜子街、官地等 8 个大中型水电站涉及柱状节理岩体[2]。这些大型水电工程中遇到的柱状节理岩体的地质岩性基本一致,均属于二叠系峨眉山玄武岩组,覆盖面积约 50 万 km^2。

柱状节理岩体作为特殊结构岩体,具有独特的地质面貌,早在 1693 年,Bulkeley[3]就记载了北爱尔兰巨人堤道典型的柱状节理岩体的外貌特性。其后,对柱状节理的研究较多,其中具有代表性的有徐松年的火山岩柱状节理构造研究[4],柱状节理岩体的地理学、地质成因学和 Goehring 等[5]对柱状节理自然现象的室内模拟试验。柱状节理岩体的高度不连续性和各向异性在变形特性、应力传递、破坏机理及长期稳定性上都对工程安全提出了挑战。

在柱状节理岩体工程问题中,白鹤滩水电站的柱状节理岩体问题,如图 1.1(a)所示。在地质结构上,白鹤滩柱状节理岩体主要表现为细长柱体,断面多以不规则的四边形、五边形、六边形为主,如图 1.1(b)所示,柱体平均倾角 75°,柱体截面边长 13～25 cm,柱体高度 2～3 m,内含交错隐节理间距 0.25～0.5 m。近竖直向柱状节理密集发育,与近水平向节理裂隙交错切割,使得柱状节理岩体的完整性差,表现出较规律的各向异性地质特征。这样的地质结构使得柱状节理岩体工程力学性质较差,是具有非连续性、非均匀性、非线性和各向异性等复杂力学行为的特殊岩体。在开挖建设期,柱状节理岩体暴露出的工程问题是强烈的卸荷松弛和破坏效应。例如,白鹤滩右岸 4 号导流洞的 K1＋068～317 m 标段,边墙上的柱状节理岩体出现垮塌破坏,如图 1.1(c)所示。

柱状节理岩体损伤破坏主要表现为节理裂隙张开、变形增大和复杂的各向异性分区破坏等特征。损伤发生后,柱状节理岩体的完整性和力学参数明显下降,岩体结构散碎破裂,严重影响施工质量,造成支护结构破损或失效。随着白鹤滩水电工程的完工,柱状节理岩体的长期安全性问题逐渐凸显出来。高坝坝

　　(a) 白鹤滩柱状节理岩体　　(b) 柱状节理岩体典型截面　　(c) 导流洞边墙的垮塌破坏

图 1.1　柱状节理工程现场

基柱状节理岩体在超高水头和高地应力作用下,其长期变形和稳定性问题成为制约工程安全的决定性因素。因此,分析柱状节理岩体各向异性渗流流变破坏机理,并提出有针对性的工程治理措施,成为白鹤滩工程乃至西南地区相关工程建设亟须解决的一项关键技术问题。

1.1　柱状节理岩体连续-非连续数值模拟方法

　　岩土体材料在不同尺度和分辨率上表现为多种形式。以天然岩体为例,在扫描电子显微镜(SEM)图像中,岩体的不连续面表现为微裂纹(μm)的形式;在三轴试验破坏样上可见岩石的裂隙(mm);在工程岩体尺度上可见不连续面以节理(m)形式存在;在工程地质研究中常表现为地质断层或断裂带(km),如图 1.2 所示。岩土体工程的数值模拟主要分为两个方面:精细结构模拟和等效连续介质模拟。

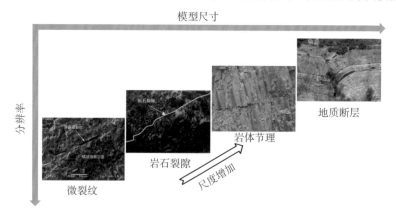

图 1.2　节理岩体多尺度力学特性

精细结构模拟主要难点在于精细结构数值模型建立和非连续力学行为模拟。以典型的柱状节理岩体和堆积体为例,其力学特性主要受细观结构控制,建立与现场条件一致的数值模型是准确分析力学行为的先决条件。此外,在变形破坏分析过程中均涉及不连续和各向异性的问题,开发可以模拟岩土体材料细观结构演化的数值分析技术是精细结构模拟的重要内容。

由于岩体复杂的结构特性,精细结构模拟仅限于小尺寸的柱状节理岩体细观模拟,等效连续介质模拟中的本构模型建立和参数确定较为困难。连接宏观力学响应和细观结构演化的多尺度分析方法显著的特点在于不再需要建立宏观本构模型,通过细观结构分析确定宏观应力应变关系。

本书提出了岩土体材料的细观结构特征提取与重构技术,建立了基于离散元和内聚力单元的岩土材料非连续数值均匀化分析方法,开发了适用于大型岩土工程的多尺度数值分析系统,提出了基于多尺度分析的岩土体工程分析评价方法。

1.2　多尺度数值分析理论与方法

节理岩体具有复杂裂隙网络结构,实际工程的对象为边坡、坝体等结构的变形与破坏。如何建立准确描述材料行为的结构模型和参数的确定也是工程研究的重要难题。胡波等[6]基于精细结构描述及数值试验开展节理岩体的参数确定与工程应用。考虑空间和时间的跨尺度与跨层次的材料力学特征的多尺度分析方法成为连接宏观、细观、微观等多重尺度的桥梁。多尺度计算方法的研究主要集中于理论研究阶段,将多尺度方法应用于实际工程分析和设计的研究还比较少。但多尺度分析方法在不均匀介质分析方面的优势已经逐渐凸显出来,成为一种强大有效的数学力学工具。结合 Nguyen 等[7]的研究,多尺度分析方法可以归结为均匀化和并发多尺度方法两大类。

（1）均匀化方法

均匀化方法是通过将具有复杂结构的不均匀材料假设为均质材料,基于不均匀介质等效宏观特性来开展分析的重要方法。均匀化分析方法可以分为三大类:解析方法、数值方法和计算均匀化方法。

Hill[9]提出 RVE 的概念和基于能量等效原理的复合材料弹性特征方法。解析均匀化方法通过严格的公式推导,建立反映不均匀介质材料宏观特性的数学表达公式[8]。Li 等[10] 将 Eshelby 椭球夹杂理论[11] 推广到有限域,推导了多项介质的有效弹性模量数学表达公式。Zhu 等[12] 基于夹杂理论和岩石微裂隙扩展的机理提出了脆性岩体多尺度本构模型,并与试验资料实现了较好的拟合。解析均匀化方法仅适用于内部结构较为简单的不均匀介质材料。

数值均匀化方法弥补了解析多尺度方法的不足,通过对不均匀介质标准体积单元进行分析,并针对表征体积单元开展均匀化分析,如图 1.3 所示。

拟合确定宏观本构模型的基本参数[7]。常见的数值均匀化方法实现方式较多,主要有快速傅里叶变换(FFT)、有限单元法(FEM)、离散单元法(DEM)和边界元法(BEM)。Van der Sluis 等[13] 通过在表征体积单元上开展有限元模拟和均匀化分析,确定了不均匀材料的宏观 Perzyna 弹塑性模型基本参数。Jain 等[14] 采用基于均匀化方法的连续介质模型研究了不均匀介质的损伤演化规律,并将本构模型应用于宏观模拟。Šmilauer 等[15] 采用快速傅里叶变换研究了混凝土的时间效应。Wellmann 等[16] 采用三维离散单元法对表征体积单元(RVE)施加周期性边界,基于均匀化方法研究了散体材料的宏观特性。通过连接细观结构和宏观本构模型,数值均匀化方法在解决大尺度工程问题方面具有重大应用潜力[6]。

相较于解析和数值均匀化方法,计算均匀化方法不需要预先定义宏观本构模型,应力和应变关系直接通过数值计算得到,如图 1.3(b)所示[17],该方法具有极大的灵活性,既适用于弹塑性问题,也适用于多场耦合及大变形等复杂问题。Guedes 等[18] 基于该方法研究了三维蜂窝状板的抗弯特性。Guo 等[19] 基于开源离散元程序 Yade 和开源有限元程序 Escript,实现了 FEM - DEM 的耦合,开展了散体材料多尺度研究。

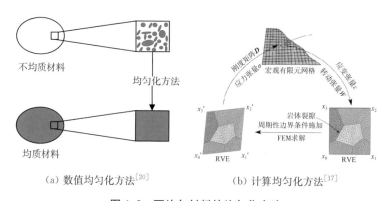

(a) 数值均匀化方法[20]　　　　(b) 计算均匀化方法[17]

图 1.3　不均匀材料的均匀化方法

（2）并发多尺度方法

并发多尺度方法的重要特点是细观结构特性直接反映在宏观计算模型上。并发多尺度方法面临着两个重要的问题：①如何连接大尺度粗网格和小尺度精细网格；②如何高效地将小尺度精细网格的特征体现在大尺度粗网格中[7]。常用的并发多尺度方法主要有边界耦合和变分多尺度两种，如图 1.4 所示。

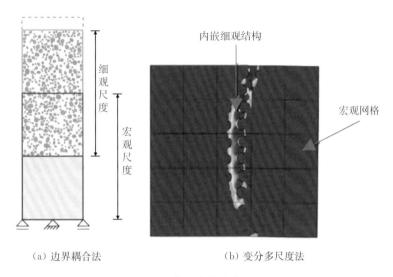

（a）边界耦合法   （b）变分多尺度法

图 1.4 常用的并发方法

边界耦合并发多尺度分析法将宏观粗网格和细观精细网格分开考虑，通过边界面加以耦合，如图 1.4（a）所示。变分多尺度并发方法存在两套或者多套网格，对细观精细网格采用均匀化等方法将细观特性嵌入宏观模型。Belytschko 等[21]提出边界分子动力学耦合模型。Guidault 等[22]采用界面耦合的方式模拟了结构的裂纹扩展。Dhia 等[23]提出的考虑界面重合的 Arlequin 方法也是实现并发多尺度分析的重要方法。

变分多尺度方法如图 1.4（b）所示，同时考虑了宏观网格和细观结构的变化，类似于计算均匀化方法，并不是对所有单元都进行处理。Stránsk 等[24]系统总结了离散元和有限元的耦合方式，并基于 Oofem 和 Yade 实现了 FEM-DEM 并发多尺度模拟。Ghosh 等[25]采用渐进均匀化方法基于 Voronoi 有限元和传统有限元开展了多孔材料的多尺度研究。Larsson 等[26]结合均匀化方法实现了宏观粗网格和细观精细网格不同尺度的连接。

1.3 柱状节理岩体研究进展

柱状节理岩体是由岩浆大规模喷发溢流至地表后冷凝收缩而形成的。柱状节理岩体具有复杂的结构特征,主要表现为由细长柱体组成,柱面多以不规则的四边形、五边形、六边形为主[4]。大量现场地质调查和试验研究表明,由于岩浆岩受热过程中内外热交换不通畅,除了较为发育的柱体之间的节理面,多会在柱体内部发育迹线与柱体轴线处存在垂直或平行的隐性节理面[27][28]。此外,由于风化、卸荷等程度不同,柱状节理主要有镶嵌块体结构和镶嵌碎裂结构两类[29]。断面节理形态由于形成条件不同,表现出一定的差异性,可通过Voronoi 和 Mosaic 图来描述,其节理均匀程度可采用成熟度这一概念来表征[30-31]。

从美国的核废料储存项目[32]到白鹤滩水电工程[33],柱状节理岩体的工程力学特性成为影响工程安全的重点。孟国涛[34]现场试验表明垂直柱体轴线和平行柱体轴线方向的变形和强度特性具有很大的差异性,力学性质表现出明显各向异性。当柱状节理结构不同时,其承压板试验应力-位移曲线表现出上凸和下凹的形式,具有明显的非线性特性。完整柱体强度一般较高,新鲜柱状节理岩体中的柱状节理和微裂隙为硬性结构面。因此柱状节理岩体是一种结构性较差但力学性质较高的特殊工程岩体,常规的工程岩体质量分类和分级难以适用[2][28]。

在地质结构特征和岩体质量研究方面,郑文棠[29]和江权等[28]研究了白鹤滩柱状节理岩体的柱体尺寸、柱状节理面的多边形形态和三类节理裂隙的地质结构特征,并分析地质结构和力学性质的各向异性。荣冠等[35]基于地质结构分析,对白鹤滩柱状节理岩体的工程岩体分级进行评定。徐卫亚等[2]按几何和力学特征将白鹤滩柱状节理岩体划分为柱状镶嵌块状和镶嵌碎裂结构,并采用RMR 和 GSI 岩体质量评分系统评价岩体质量,估算变形模量和强度参数。

在原位实测和室内试验研究方面,石安池等[30]、郑文棠[29]和孟国涛[34]基于原位承压板试验,测定了白鹤滩柱状节理岩体的变形参数,并分析变形各向异性与节理发育特征和应力状态的关系。张宜虎等[36]针对尺寸为 50 cm×50 cm×100 cm 的柱状节理岩体试样开展原位真三轴试验,揭示了三维应力状态下节理裂隙扩展贯通的破坏机理。江权等[28]、Jiang 等[27]基于现场实测,研究了柱状节理岩体的几何特征、变形和强度的各向异性,并指出柱状节理岩体存在的三种"应力-结构"型破坏模式。郝宪杰等[37]基于扫描电镜试验,研究了白鹤滩柱状节理岩体的三种节理裂隙的细观结构,分析柱状节理面的张裂和剪切滑移破坏特征。

在力学性质和数值模拟研究方面,孟国涛[34]和朱珍德等[38]提出规则柱状节理岩体各向异性等效弹性力学参数的理论预测方法,构建了各向异性弹性本构关系。Hart 等[39]将柱状节理岩体简化为规则正六边形柱体,采用离散元数值模拟,研究原位变形试验中存在的滞后效应、应变不均匀和刚度的围压效应。柱状节理多为不规则的多边形,为准确描述这一特征,郑文棠等[40]采用 Voronoi 图形算法构建与实际地质结构具有相同统计学规律的离散元模型,开展现场承压板和立方单元体压缩离散元数值试验研究[29],分析白鹤滩柱状节理岩体的尺寸效应[41],提出等效正交各向异性弹性本构关系,并研究了弹性参数的空间各向异性特征[35]。继郑文棠[29]之后,宁宇等[42]、Di 等[43]、狄圣杰等[44]和 Yan 等[45]均基于 Voronoi 图形算法构建非规则柱体离散元模型,研究了白鹤滩柱状节理岩体的表征单元体 RVE 的几何尺寸[44]和宏观变形、强度和破坏的各向异性特征[43][44][46]。

1.4　工程挑战及应用前景

金沙江白鹤滩水电站总装机容量 16 000 MW,是国内第二大巨型水电工程,是世界上首个修建在柱状节理玄武岩上的三百米级高拱坝工程。在大坝的坝基、坝肩高边坡以及地下导流洞和发电厂房等关键部位,普遍出露二叠系峨眉山玄武岩,具有明显的柱状节理构造。白鹤滩玄武岩主要表现为细长的柱体结构,断面多以不规则的四边形、五边形和六边形为主,近竖直向柱状节理密集发育,岩体结构破碎,完整性差,是一种工程力学性质较差的地质体。柱状节理玄武岩是白鹤滩水电站工程设计和建设重点关注的问题,备受水工结构、岩石力学专家和工程师的关注。本书针对柱状节理岩体的多尺度特性,系统研究柱状节理岩体数值模拟方法,建立多尺度柱状节理岩体数值分析理论。

在工程分析中,对于各向异性性质不明显的岩体一般简化为各向同性介质来处理,但对于柱状节理岩体这种具有特定结构面、各向异性性质显著的岩体,按各向同性理论考虑对认识其应力变形及破坏规律有较大的局限性,与实际相差较大。在前期系统研究柱状节理各向异性变形及强度特性的基础上,研究推导了适宜的各向异性岩石力学屈服准则,建立了相应的各向异性非线性损伤本构关系,并通过程序开发使其能进行大规模的数值计算,但是基于连续介质理论框架的体系在大变形模拟方面尚存在一些问题。

　　针对我国大型水电工程建设中的各向异性岩石力学问题,本书对柱状节理岩体的多尺度力学模拟技术进行系统理论研究和工程应用,部分内容是水电、力学、土木、采矿和能源等领域的前沿科学研究,可供高等院校、科研院所、勘测设计施工管理单位等从事水利水电、土木工程、能源工程、采矿工程等领域的研究生、科研人员、工程技术人员参考使用。

参考文献

[1] 周维垣. 高等岩石力学[M]. 北京:水利电力出版社,1990.

[2] 徐卫亚,郑文棠,石安池,等. 水利工程中的柱状节理岩体分类及质量评价[J]. 水利学报,2011,42(3):262-270.

[3] BULKELEY R. Part of a Letter from Sir R B S R S to Dr. Lister, concerning the Giants Causway in the County of Atrim in Ireland[J]. Philosophical Transactions of the Royal Society of London,1693,17:708-710.

[4] 徐松年. 火山岩柱状节理构造研究[M]. 杭州:杭州大学出版社,1995.

[5] GOEHRING L,MORRIS S W. Scaling of columnar joints in basalt[J]. Journal of Geophysical Research:Solid Earth ,2008 (1978—2012),113.

[6] 胡波,王思敬,刘顺桂,等. 基于精细结构描述及数值试验的节理岩体参数确定与应用[J]. 岩石力学与工程学报,2007(12):2458-2465.

[7] NGUYEN V P,STROEVEN M,SLUYS L J. Multiscale continuous and discontinuous modeling of heterogeneous materials:A review on recent developments[J]. Journal of Multiscale Modelling,2012,3(4):229-270.

[8] NEMAT-NASSER S,HORI M. Micromechanics:overall properties of heterogeneous materials Geophysical[J]. Journal International :Elsevi-

er,2013.

[9] HILL R. Elastic properties of reinforced solids: Some theoretical principles[J]. Journal of the Mechanics and Physics of Solids, 1963,11: 357-372.

[10] LI S, SAUER R A, WANG G. The Eshelby tensors in a finite spherical domain—part Ⅱ: theoretical formulations[J]. Journal of Applied Mechanics, 2007, 74(4):770-783.

[11] ESHELBY J D. The determination of the elastic field of an ellipsoidal inclusion, and related problems[C]//Proceedings of the Royal Society of London A: Mathematical, Physical and Engineering Sciences. The Royal Society,1957:376-396.

[12] ZHU Q, KONDO D, SHAO J F. Homogenization-based analysis of anisotropic damage in brittle materials with unilateral effect and interactions between microcracks[J]. International Journal for Numerical and Analytical Methods in Geomechanics, 2009, 33: 749-772.

[13] VAN DER SLUIS O, SCHREURS P, BREKEIMANS W, et al. Overall behavior of heterogeneous elastoviscoplastic materials: effect of microstructural modelling[J]. Mechanics of Materials, 2000,32(8): 449-462.

[14] JAIN J R, GHOSH S. Damage evolution in composites with a homogenization-based continuum damage mechanics model[J]. International Journal of Damage Mechanics, 2008.

[15] ŠMILAUER V, BAZANT Z P. Identification of viscoelastic C-S-H behavior in mature cement paste by FFT-based homogenization method [J]. Cement and Concrete Research, 2010,40: 197-207.

[16] WELLMANN C, LILLIE C, WRIGGERS P. Homogenization of granular material modeled by a three-dimensional discrete element method [J]. Computers and Geotechnics, 2008,35: 394-405.

[17] SUQUET P M. Local and global aspects in the mathematical theory of plasticity[J]. Plasticity Today, 1985:279-309.

[18] GUEDES J,KIKUCHI N. Preprocessing and postprocessing for materi-

als based on the homogenization method with adaptive finite element methods[J]. Computer Methods in Applied Mechanics and Engineering, 1990,83: 143-198.

[19] GUO N, ZHAO J. A coupled FEM - DEM approach for hierarchical multiscale modelling of granular media[J]. International Journal for Numerical Methods in Engineering, 2015, 99(11):789-818.

[20] TEMIZER I, ZOHDI T. A numerical method for homogenization in non-linear elasticity[J]. Computational Mechanics, 2007,40: 281-298.

[21] BELYTSCHKO T, XIAO S. Coupling methods for continuum model with molecular model[J]. International Journal for Multiscale Computational Engineering,2003.

[22] GUIDAULT P A, ALLIX O, CHAMPANEY L, et al. A two-scale approach with homogenization for the computation of cracked structures [J]. Computers & Structures, 2007, 85(17-18):1360-1371.

[23] DHIA H B, RATEAU G. The Arlequin method as a flexible engineering design tool[J]. International Journal for Numerical Methods in Engineering, 2005,62: 1442-1462.

[24] STRÁNSK J, JIRÁSEK M. Open source FEM-DEM coupling[C]. Engineering Mechanics, 2012:1237-1251.

[25] GHOSH S, LEE K, RAGHAVAN P. A multi-level computational model for multi-scale damage analysis in composite and porous materials [J]. International Journal of Solids and Structures, 2001,38: 2335-2385.

[26] LARSSON F, RUNESSON K. On two-scale adaptive FE analysis of micro-heterogeneous media with seamless scale-bridging[J]. Computer Mcthods in Applied Mechanics and Engineering, 2011, 200(37-40): 2662-2674.

[27] JIANG Q, FENG X T, HATZOR Y H, et al. Mechanical anisotropy of columnar jointed basalts: An example from the Baihetan hydropower station, China[J]. Engineering Geology, 2014,175: 35-45.

[28] 江权,冯夏庭,樊义林,等. 柱状节理玄武岩各向异性特性的调查与试验研

究[J]. 岩石力学与工程学报，2013,32(12)：2527-2535.

[29] 郑文棠. 不规则柱状节理岩石力学及在高边坡坝基岩石工程中的应用[D]. 南京：河海大学，2008.

[30] 石安池. 柱状节理玄武岩专题研究工程地质研究报告[R]. 杭州：华东水利勘测设计院，2009.

[31] DERSHOWITZ W S，EINSTEIN H H. Characterizing rock joint geometry with joint system models[J]. Rock Mechanics and Rock Engineering，1988,21：21-51.

[32] SAWRUK J W，SCHMEHL R，STRIPLING D. Container designs for the nuclear waste repository in basalt rock[J]. Proceedings of the 1986 joint ASME/ANS nuclear power conference，1986.

[33] 石安池，唐鸣发，周其健. 金沙江白鹤滩水电站柱状节理玄武岩岩体变形特性研究[J]. 岩石力学与工程学报，2008(10)：2079-2086.

[34] 孟国涛. 柱状节理岩体各向异性力学分析及其工程应用[D]. 南京：河海大学，2007.

[35] 荣冠，王思敬，王恩志，等. 白鹤滩河谷演化模拟及 $P_2\beta_3$ 玄武岩级别评估[J]. 岩土力学，2009，30(10)：3013-3019.

[36] 张宜虎，周火明，钟作武，等. YXSW-12 现场岩体真三轴试验系统及其应用[J]. 岩石力学与工程学报，2011,30(11)：2312-2320.

[37] 郝宪杰，冯夏庭，江权，等. 基于电镜扫描实验的柱状节理隧洞卸荷破坏机制研究[J]. 岩石力学与工程学报，2013,32(8)：1647-1655.

[38] 朱珍德，秦天昊，王士宏，等. 基于 Cosserat 理论的柱状节理岩体各向异性本构模型研究[J]. 岩石力学与工程学报，2010,29(S2)：4068-4076.

[39] HART R D，CUNDALL P A，CRAMER M L. Analysis of a loading test on a large basalt block[C]//Research and Engineering Applications in Rock Masses，Proceedings of the 26th US Symposium on Rock Mechanics，1985:759-768.

[40] 郑文棠，徐卫亚，邬爱清，等. 柱状节理开挖模拟洞数值原位试验[J]. 岩土力学，2008，29(S1)：253-257.

[41] 郑文棠. 节理玄武岩体变形模量的尺寸效应和各向异性[C]//广东省水力发电工程学会 2012 年获奖优秀科技论文集. 广州：广东省科学技术协

会科技交流部,109-116.

[42] 宁宇,徐卫亚,郑文棠,等. 柱状节理岩体随机模拟及其表征单元体尺度研究[J]. 岩石力学与工程学报,2008(6):1202-1208.

[43] DI S J, XU W Y, NING Y, et al. Macro-mechanical properties of columnar jointed basaltic rock masses[J]. Journal of Central South University of Technology, 2011,18:2143-2149.

[44] 狄圣杰,单治钢,宋庆滔,等. 节理玄武岩强度特性三维离散元压缩模拟试验[J]. 中南大学学报(自然科学版),2013,44(7):2903-2909.

[45] YAN D X, XU W Y, ZHENG W T, et al. Mechanical characteristics of columnar jointed rock at dam base of Baihetan hydropower station[J]. Journal of Central South University of Technology, 2011,18:2157-2162.

[46] 闫东旭,徐卫亚,王伟,等. 柱状节理岩体宏观等效弹性模量尺寸效应研究[J]. 岩土工程学报,2012,34(2):243-250.

第 2 章

柱状节理岩体地质结构

柱状节理是熔岩急剧冷却造成体积收缩所形成的原生张拉裂隙,柱状节理岩体是岩块和不连续结构面组成的混合体,其形成经历了漫长的地质构造和地质变迁。与完整岩石不同,节理岩体内部广泛发育着复杂的不连续结构面,使得柱状节理岩体在力学特性上表现出明显的空间各向异性和非线性特征。通过对白鹤滩柱状节理现场地质调研,在深入研究其地质成因、地层岩性和地质结构特征的基础上,开展工程力学地质力学分析。本章工程地质特性研究是柱状节理岩体结构特性和各向异性力学特性分析的基础。

2.1 柱状节理岩体地质构造特征

2.1.1 地质成因

在火山发育的地质环境中,玄武岩岩浆沿地表裂缝喷涌而出,在地面上流动,冷凝后形成玄武岩熔岩流。冷凝过程中,玄武岩岩浆有两个冷凝面:一个在岩流面上部接触空气,一个在岩流面底面接触下覆基岩。热量从上下两个冷凝面扩散。原生热张拉裂缝从上下两个冷凝面向岩流层中部扩展并最终形成柱状节理。柱状节理岩体的典型结构为细长的多边形柱体。地质研究表明,柱体的横截面主要为规则或非规则多边形。因此,地质岩体中的柱状节理构造,一般多见于基性浅成岩或喷发岩(如玄武岩)中,有时在中酸性熔岩、熔结凝灰岩、潜火山岩、基性岩脉中也可见到,甚至在响岩、流纹岩、页岩、砂岩、石灰岩、碎屑岩等岩类中也见有文献报道。

我国西南三省四川、贵州和云南地处扬子板块西南缘的康滇菱形地块,约二亿五千万年前的二叠纪早晚期,地震和火山活动频繁,地壳上地幔基性玄武岩浆沿小江—安宁河、东川、箐河—程海和丽江等深大断裂带[1]喷发溢流至地面,形成约 $30 \times 10^4 \ km^2$ 的二叠系峨眉山大陆溢流玄武岩[2]。白鹤滩工程遇到的柱状节理岩体即为这一区域的二叠系峨眉山玄武岩组($P_2\beta$)[3]。

2.1.2 地层岩性

白鹤滩水电站位于金沙江上,金沙江枯水期江面宽 $70 \sim 110 \ m$,水位 $591 \ m$,水深 $11 \sim 16 \ m$,覆盖层厚 $13.06 \sim 24.30 \ m$,河床地面高程 $576 \sim 581 \ m$。水电站正常蓄水位 $825 \ m$ 处谷宽 $490 \sim 590 \ m$,河谷呈左岸低右岸高的不对称

"V"字形。坝区属中山峡谷地貌,地势北高南低,向东侧倾斜。金沙江总体由南向北流,左岸为大凉山山脉东南坡,山峰高程 2 600 m,整体上呈斜坡地形;右岸为药山山脉西坡,山峰高程 3 000 m 以上,主要为陡坡与缓坡相间的地形。白鹤滩水电站坝区两岸为单斜山,玄武岩似层面结构构成两岸似层状岩坡,左岸为斜顺向坡,右岸为斜反向坡。

白鹤滩水库坝基部位出露的玄武岩流层呈单斜构造,包含 11 个可见的玄武岩层,以 $P_2\beta_1-P_2\beta_1^1$ 标记。柱状节理主要发育于 $P_2\beta_3^2$ 和 $P_2\beta_3^3$ 两个岩层中,如图 2.1 所示。岩层倾向约为 SE135°,倾角约为 SE∠15°。因此,岩层中柱体的倾角约为 75°。

柱状节理岩体中除近竖直向的柱状节理外,还有近水平向的裂隙发育。当柱状节理张开时,柱状节理岩体倾向于沿柱状节理与近水平向裂隙的交叉组合破裂面发生破坏。近水平向裂隙的倾角较平缓,为 10°~20°,倾向 SE 方向,贯穿数个柱体,但很少贯通整个玄武岩流层。坝基岩体主要结构自上而下由以下几个部分组成:

(1) 三叠系下统飞仙关组(T_1f)

该岩组为紫红色河湖相沉积的泥质粉砂岩、粉砂质泥岩及少量砂岩,呈微角度不整合于下伏峨眉山组玄武岩之上。飞仙关组砂岩总厚度 265~267 m。分布于坝址右岸高程 1 105 m 以上。该层自下而上为:下部 T_1f_1,紫红色泥质粉砂岩、粉砂质泥岩及少量青灰色细砂岩。层厚度约 170 m,与下伏峨眉山玄武岩呈假整合接触。中部 T_1f_2,青灰色厚~巨厚层中砂岩夹紫红色泥质粉砂岩。砂粒以岩屑为主,泥质胶结,层厚度约 70 m。上部 T_1f_3,青灰色砂岩、紫红色泥质粉砂岩间夹 3 层厚薄不一的泥质灰岩。本层青灰色砂岩占 69%,泥质粉砂岩占 16%,灰岩占 15%;层厚度 15~17 m。

(2) 二叠系上统峨眉山组($P_2\beta$)

坝址区峨眉山组玄武岩,具有多个喷发旋回。根据喷发间断,以紫红色凝灰岩为标志层,共划分为 11 个岩流层。每一个岩流层自下而上一般为熔岩,角砾熔岩,顶部为凝灰岩。坝址区二叠系上统峨眉山组玄武岩岩性主要分为含角砾玄武岩、斜斑玄武岩、隐晶质玄武岩、柱状节理玄武岩、杏仁状玄武岩、角砾熔岩、凝灰岩、玄武质碎屑砂岩 8 种。坝基范围涉及的 $P_2\beta_3$~$P_2\beta_6$ 岩流层,分为 14 个亚层。其中本章的研究对象柱状节理玄武岩便位于这一地层中。

(3) 第四系地层

坝址区的第四系地层主要有：冲积层（Q_4^{al}）、崩积层（Q_4^{col}）和残坡积层（Q_4^{del}）。在工程区，第四系地层均被开挖清除，在本书后续分析计算中，这些地层均不考虑。

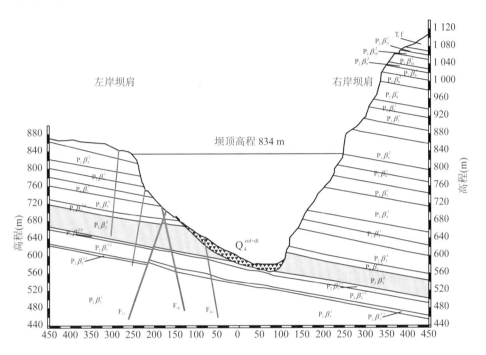

图 2.1　白鹤滩水电站坝基河谷地层特征断面图

2.1.3　结构特征

柱状节理岩体具有独特的地质特征，最典型的特征以北爱尔兰巨人台阶（giant's causeway）、美国加利福尼亚东部魔鬼柱（devil's postpile）和苏格兰的手指洞穴为代表，如图 2.2 所示。可见这三个地区的柱状节理岩体具有明显的裂隙网络结构，岩体由一条条棱柱组成，柱面以五边形和六边形为主，分布较均匀。由于柱状节理独特的结构，很早便引起学者们的关注。事实上，柱状节理岩体由于其形成地质历史时期和后期地质构造运动不同，柱面形态也千差万别。

(a) 美国魔鬼柱 　　　　(b) 苏格兰手指洞穴 　　　　(c) 北爱尔兰巨人台阶

图 2.2　典型柱状节理岩体

白鹤滩坝基玄武岩也是一种典型的柱状岩体。地质观测表明,白鹤滩柱状节理岩体的典型结构为细长的多边形柱体。柱状节理的边长为 $13\sim25$ cm[4],平均边长 15 cm。通常,白鹤滩柱体的长细比(柱体长度/柱体直径)为 $2\sim10$。在柱状节理密集发育的区域,长细比减小为 $2\sim5$。白鹤滩柱状节理横截面形状主要为非规则的四边形、五边形和六边形。

为进一步研究白鹤滩柱状节理岩体的地质特性,本章结合平硐顶部内部观测资料,绘制了白鹤滩柱状节理岩体的地质素描图,如图 2.3 所示。大量统计结果表明,白鹤滩柱状节理岩体柱面上四边形、五边形和六边形的百分比分别为 32.1%、46.7% 和 17.6%。而三角形和七边形所占比例约为 4%。

 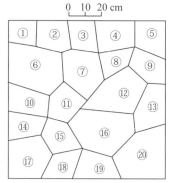

(a) 地质照片 　　　　　　　　　(b) 节理素描图像

图 2.3　白鹤滩 $P_2\beta_3$ 典型柱状节理图像

2.2 柱状节理岩体工程力学特性

2.2.1 变形特性

变形特性的研究采用现场刚性承压板法进行。现场刚性承压板法变形试验点均分布在 $P_2\beta_3^2$、$P_2\beta_3^3$ 层中,主要分布在勘 I 线 PD111 平硐,勘 IX 线 PD61 平硐,勘 I 线 PD36、PD37 平硐,勘 IX 线 PD68 平硐,涵盖整个坝基范围,勘 I 线处剖面位置及研究岩层范围,如图 2.4 所示。

试验布置于坝区两岸勘探平硐,水平向加载的试验点位于平硐下游硐壁或山体内硐壁,平硐走向大多垂直金沙江,加载方向一般水平指向下游,铅直向加载的试验点位于平硐底板。玄武岩试验包括柱状节理岩体和非柱状节理岩体 156 个点,其中对柱状节理玄武岩共进行了 67 个点现场刚性承压板法变形试验,内容包括各级荷载下的全变形、弹性变形、变形模量、弹性模量及曲线类型等。

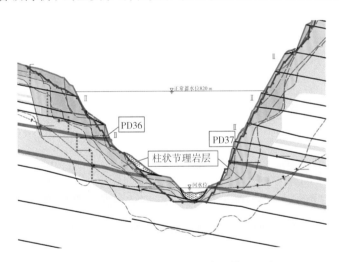

图 2.4　勘 I 线剖面及所研究岩层范围示意图

白鹤滩坝址区平硐刚性承压板变形试验的安装,包括铅直向、水平向和平行柱体方向、垂直柱体方向,加载试验示意图如图 2.5 所示,其中在 PD36 平硐深 104 m 处的 PD36 - 2 试验硐内,针对第一类柱状节理玄武岩的Ⅲ1 类岩体(微新岩体)进行了平行柱体与垂直柱体方向加载的现场变形试验。

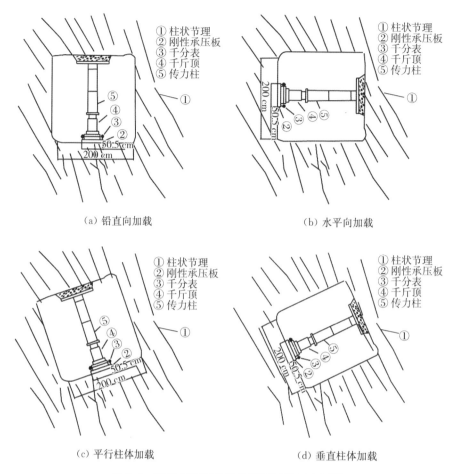

（a）铅直向加载　　　　　　　　　（b）水平向加载

（c）平行柱体加载　　　　　　　　　（d）垂直柱体加载

图 2.5　刚性承压板法岩体变形试验示意图[5]

设置不同的加载方向,分别为铅直向和水平向加载,平行柱体方向和垂直柱体方向加载,记录观察点的应力变形变化曲线。最终得到的结果如表 2.1 所示。

表 2.1　柱状节理岩体变形参数的各向异性

不同方向变形模量	结果(GPa)	0~8 MPa 范围内平均值(GPa)				
		PD37	PD61	PD68	PD36	平均值
铅直方向弹性模量	18.27	16.31	11.71	18.39	11.70	14.53
铅直方向变形模量	11.99	11.41	9.50	11.95	6.66	9.88
水平方向弹性模量	26.64	32.24	33.33	35.07	14.79	28.86
水平方向变形模量	22.36	20.62	19.42	26.18	10.36	19.15
平行柱体方向弹性模量	20.50	—	—	—	22.11	22.11

不同方向变形模量	结果(GPa)	0～8 MPa 范围内平均值(GPa)				
		PD37	PD61	PD68	PD36	平均值
平行柱体方向变形模量	15.20	—	—	—	16.11	16.11
垂直柱体方向弹性模量	25.60	—	—	—	28.83	28.83
垂直柱体方向变形模量	19.50	—	—	—	18.86	18.86

注:本书数据或因四舍五入,存在微小数值偏差。

2.2.2 强度特性

由于含柱状节理的玄武岩体尺寸较大,而室内岩石力学试验仪器主要以小尺寸岩块为试验对象,含柱状节理的岩体取样问题成为开展室内试验研究的掣肘。针对这些问题,采用与岩石物理力学特性相近的材料制作含有特定节理的小尺寸试样,从而进行室内试验研究。不同柱体倾角的柱状节理岩体三轴力学试验强度和变形参数如表2.2所示。

表 2.2 柱状节理岩体三轴压缩试验强度与变形参数

柱体倾角 β(°)	围压(MPa)	抗压强度(MPa)	表观弹性模量(GPa)	泊松比
0	0	29.95	2.45	0.29
	4	59.11	3.29	0.31
	6	64.40	4.05	0.27
	8	76.63	4.25	0.18
15	0	20.16	2.19	—
	4	61.95	3.22	0.40
	6	70.11	3.51	0.31
	8	84.23	3.80	0.26
30	0	19.20	1.71	—
	4	44.13	2.03	0.41
	6	51.08	2.05	0.44
	8	58.15	2.32	0.33
45	0	5.49	2.03	—
	4	18.61	2.42	0.34
	6	23.24	2.31	0.30
	8	33.18	3.83	0.28

续表

柱体倾角 $\beta(°)$	围压(MPa)	抗压强度(MPa)	表观弹性模量(GPa)	泊松比
60	0	4.98	2.52	—
	4	16.77	3.20	0.31
	6	23.60	3.10	0.26
	8	28.21	3.40	0.38
75	0	16.56	4.24	—
	4	47.91	6.43	0.19
	6	52.76	6.63	0.26
	8	59.84	6.53	0.35
90	0	54.32	6.03	0.24
	4	99.92	13.40	0.18
	6	110.20	13.81	0.19
	8	121.10	14.23	0.15

　　不同柱体倾角下柱状节理岩体的三轴和单轴压缩强度曲线如图 2.6 所示。随着柱体倾角的变化,抗压强度曲线的总体趋势为中间低两边高。柱体倾角在 $0°\sim15°$ 范围内,曲线呈"肩形",在 $15°\sim45°$ 内曲线下降,在 $45°\sim60°$ 的范围内试样的抗压强度最小,在 $60°\sim90°$ 曲线上升,$90°$ 时试样的抗压强度最大。三轴抗压强度随着围压等级的增加而升高,而整体上都保持中间低两边高的趋势,抗压强度最大的均为柱体倾角 $90°$ 的试样。

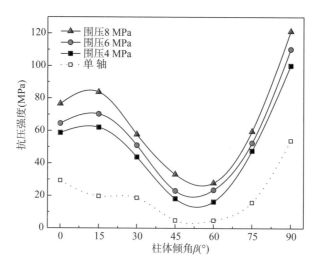

图 2.6　三轴压缩强度随柱体倾角变化曲线

2.3 柱状节理岩体地质力学问题描述

结构面是岩体的基本组成部分,结构面线密度的各向异性是造成岩体各向异性力学性质的根本原因。

2.3.1 柱状节理岩体几何完整性

通过对金沙江白鹤滩坝址区柱状节理柱体长度、柱体直径的野外统计,计算得到柱状节理纵横比主要集中于 $2\sim10$,而最密集区为 $2\sim5$,如图 2.7 所示。若同时考虑原生和构造结构面的发育程度,柱状节理岩体的节理线密度可达 15 条/m 以上。由于纵横比差异较大,柱状节理面在不同方向最大的线密度差异亦较大,从而造成了岩体的各向异性力学性质。

 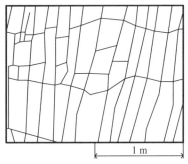

（a）柱状节理岩体 　　　　　（b）柱状节理线密度特征

图 2.7　柱状节理岩体结构面各向异性线密度

2.3.2 基于 RMR 的岩体各向异性描述

Bieniawski 提出的岩体质量分级(Rock Mass Rating,RMR)是适用于节理化岩体的地质力学分类方法[6-9],其各项指标物理意义明确,且考虑了产状的方向性。因此,本节借助 RMR 法对柱状节理岩体的各向异性特征进行描述。

RMR 法主要有五个参数[式(2.1)]:岩石强度(用单轴抗压强度或点荷载表示,R_1)、岩芯质量指标(RQD,R_2)、结构面间距(J_s,R_3)、结构面开度填充情况(R_4)、水文地质条件(R_5)。

$$RMR = r_\sigma + r_{RQD} + r_{J_s} + r_{J_c} + r_G \tag{2.1}$$

式中，r_σ 表示单轴抗压强度的评分值；r_{RQD} 表示 RQD 的评分值[10]；r_{J_s} 表示结构面间距的评分值；r_{J_c} 表示结构面开度填充情况的评分值；r_G 表示结构面地下水条件的评分值。

由于 RMR 采用分段指标，在岩体质量评价上存在不足[11-12]。譬如岩石单轴抗压强度为接近 100 MPa 时，其 R_1 值既可以取 12，亦可取 7。因此，有必要在不改变 RMR 经验积累的基础上，对 RMR 取值方法进行修正，进而用于评价各向异性岩体。图 2.8～图 2.14 是基于分段函数中点进行的拟合，得出了式(2.2)的连续函数关系。按照连续函数关系可提高 RMR 预测精度，且便于编程实现批处理。

如图 2.8 至图 2.13 所示，结构面的发育及结构面的性质占了 80% 左右的权重，也就是说结构面控制了岩体质量。如果结构面的线密度存在各向异性，那么岩体势必存在各向异性。RMR 对于结构面方向性的处理是在 5 项评分的基础上，视结构面空间展布情况对评分进行修正。由于反映结构面方向性的修正项视岩体为各向同性对评分进行折减，实际上不能反映岩体的各向异性性质。

$$\begin{cases} r_\sigma = 7.34 \times \ln(\sigma + 48.58) - 28.16 \\ r_{RQD} = 0.2 \times RQD + 0.42 \\ r_{J_s} = 5.5 \times \ln(J_s + 26.97) - 12.48 \\ r_{J_c} = 29.63 \times e^{-0.325 J_c} - 0.225 \\ r_G = 12.91 \times e^{-5.73 G} + 1.63 \end{cases} \tag{2.2}$$

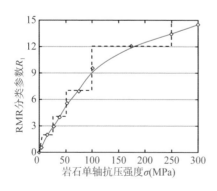

图 2.8 R_1 权值修正

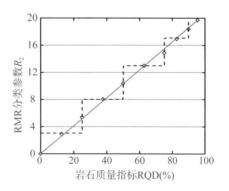

图 2.9 R_2 权值修正

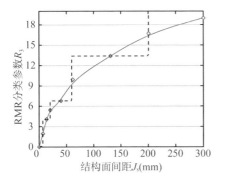

图 2.10 R_3 权值修正

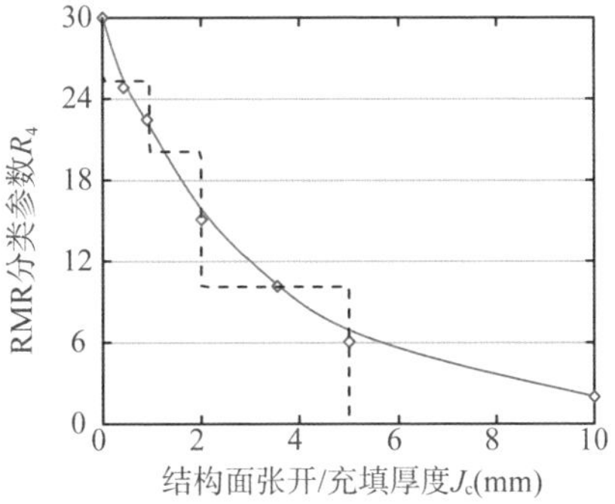

图 2.11 R_4 权值修正

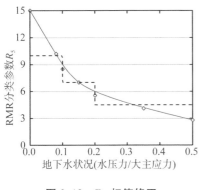

图 2.12 R_5 权值修正

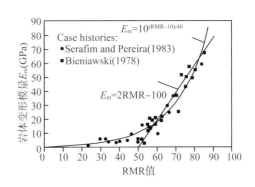

图 2.13 E_m 与 RMR 关系图

折减一般按照节理最大线密度方向考虑,最大折减权值可大致为 60。实践证明,对于优势裂隙组≤3 的层状岩体或者柱状岩体,也就是各向异性突出的岩体,RMR 分类方法通常较保守。

RMR 与岩体等效变形模量的关系为:

$$E_m = \begin{cases} 2RMR - 100, 55 \leqslant RMR < 100 \\ 10^{\frac{RMR-10}{40}}, 0 < RMR < 55 \end{cases} \tag{2.3}$$

由 RMR 的 5 项参数可见,只有岩石质量指标(RQD,R_2)、结构面间距(J_s,R_3)是明显受控于岩体结构,并可能拥有较强的各向异性特性的因素。由于 RQD 与 J_s 成正相关关系,即节理平均间距越大,RQD 值越大[13]。因此,如图 2.14 所示,节理间距(J_s)越大,则变形模量就越大;反之亦然。以此作为定性评价,能够直观地描述岩体的各向异性特征。

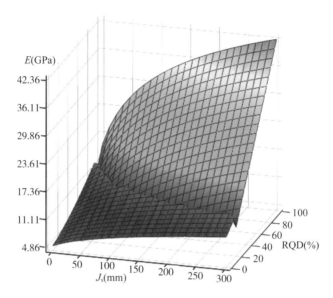

图 2.14　变形模量与 **RQD**, J_s 的关系图

　　由于柱状节理岩体中节理的方向性显著,平行于柱轴方向与垂直于柱轴方向的节理线密度差异大,从而使得岩体各个方向的力学性质差异亦较为突出。利用修正的 RMR 法可以得出简单的认识:在平行于柱轴方向,线密度小,节理间距大,由此,弹性模量大;反之在垂直于柱轴方向,弹性模量小。

2.3.3　岩体各向异性力学问题的特殊性

　　对于各向异性岩体,如果结构面的力学性质相同,理论上是可以按照测线法[14-15]统计其各个方向的节理线密度,从而估算岩体各向异性变形模量。但是由于岩体结构复杂,露头有限,直接测试三维空间各向异性的线密度并非易事,且难保证精度。此外,单纯以节理面线密度特征来评价各向异性必须以结构面性质相同为前提,同时忽略岩体结构力学特性的影响。因此,直接以经验方法进行各向异性岩体质量评价面临着测试难度大、取值精度差的困难,显然是不可取的。

　　由于岩体工程中的泊松比一般都是直接按经验给出,对于各向同性岩体,泊松比一般直接取 0.2～0.3,而不允许大于 0.5。但是对于各向异性岩体,其泊松比不仅在各个方向不同,其值也可能大于 0.5[16]。要给出各向异性岩体多个方向有差别的泊松比,显然不可能直接照搬经验公式。

现场试验一方面受制于尺寸效应,另外一方面所有的解析公式均基于各向同性给出,如刚性承压板试验即是视岩体为均匀、连续、各向同性和线弹性介质,应用Boussinesq弹性理论公式计算变形模量。因此,用各向同性公式说明各向异性问题可能引起显著误差。此外,对于强度各向异性问题,应用传统的各向同性理论同样面临着很大的困难。

可见,不能以各向同性的思维模式去解决各向异性岩体力学问题,必须发展相适宜的新方法。

参考文献

[1] 阚荣举,张四昌,晏凤桐,等.我国西南地区现代构造应力场与现代构造活动特征的探讨[J].地球物理学报,1977(2):96-109.

[2] 沈军辉,王兰生,徐林生,等.峨眉山玄武岩的岩相与岩体结构[J].水文地质工程地质,2001(6):1-4.

[3] ALI J R,THOMPSON G M,SONG X,et al. Emeishan basalts (SW China) and the 'end-Guadalupian' crisis:magneto-biostratigraphic constraints[J]. Journal of The Geological Society,2002,159:21-29.

[4] XU J R,SHI A C,WU G Y,et al. A report on the engineering geological properties of the columnar jointed basalt rock mass in the constuction of Baihetan Hydropower Plant[J]. Hangzhou:HydroChina Huadong Engineering Corporation,2013:1-200.

[5] DI S J,XU W Y,NING Y,et al. Macro-mechanical properties of columnar jointed basaltic rock masses[J]. Journal of Central South University of Technology,2011,18:2143-2149.

[6] BIENIAWSKI Z T. Engineering classification of jointed rock masses [J]. Transactions of the South African Institution of civil Engineers,1973,15:335-343.

[7] HOEK E,BROWN E T. Underground excavation in rock[M]. London:Institution of Mining and Metallurgy,1980:157-219.

[8] LIU J,ELSWORTH D,BRADY B H. Linking stress-dependent effective porosity and hydraulic conductivity fields to RMR[J]. International

Journal of Rock Mechanics and Mining Sciences，1999,36(5)：581-596.

［9］ BARTON N，LIEN R，LUNDE J. Engineering classification of rock masses for the design of tunnel support[J]. Rock Mechanics and Rock Engineering，1974，6：189-236.

［10］ BAGDE M N，RAINA A K，CHAKRABORTY A K，et al. Rock mass characterization by fractal dimension[J]. Engineering Geology，2002，63(12):141-155.

［11］ 巫德斌. 层状岩体边坡工程力学参数研究[D]. 南京:河海大学,2004.

［12］ ZEKAI S，BAHAAELDIN H S. Modified rock mass classification system by continuous rating[J]. Engineering Geology，2004，67：269-280.

［13］ GOODMAN R E，SMITH H R. RQD and fracture spacing[J]. Journal of the Geotechnical Engineering Division，1980，106(2):191-193.

［14］ MAULDON M. Estimating mean fracture trace length and density from observations in convex windows[J]. Rock Mechanics and Rock Engineering，1998，31：201-216.

［15］ MAULDON M，DUNNE W M，ROHRBAUGH M B. Circular scanlines and circular windows：new tools for characterizing the geometry of fracture traces[J]. Journal of Structural Geology，2001，23(23)：247-258.

［16］ MIN K B，JING L. Numerical determination of the equivalent elastic compliance tensor for fractured rock masses using the distinct element method[J]. International Journal of Rock Mechanics & Mining Sciences，2003，40(6):795-816.

第 3 章

柱状节理岩体结构模型

柱状节理岩体工程地质特性是影响工程选址和建设的重要因素。柱状节理玄武岩主要由于岩浆冷凝收缩形成,具有独特的地质构造,柱体横截面主要为多边形结构,纵截面由于构造作用等常产生挠曲、断裂形成隐节理。柱状节理岩体由于其特殊的几何特性,既是一种罕见的自然景观,同时又是典型的工程不良地质体。柱状节理岩体在工程地质成因和岩体地质特性方面的研究较多,但对于其力学特性的研究较少,当前公开发表的研究成果大多围绕白鹤滩水电工程坝基柱状节理玄武岩开展。

柱状节理岩体可视为块体和不连续结构面组成的复合结构体,岩体的力学性质主要受岩体结构面控制。由于岩体结构面的不连续性和方向性,使得柱状节理岩体明显表现出空间各向异性和非线性的力学特性。为研究柱状节理岩体的结构面特性及其对岩体强度的影响,需要对柱状节理岩体的节理分布进行深入调查,在此基础上进行统计、总结和归纳建立一套柱状节理岩体定量的参数化描述。在对白鹤滩柱状节理岩体定量参数化描述的基础上,需要结合计算几何学等方法建立一套柱状节理岩体的生成方法,适用于后续开展数值多尺度研究[1]。

3.1 改进限制重心 Voronoi 算法建模技术

3.1.1 柱状节理岩体定量描述

柱状节理岩体具有明显的结构特征。虽然也有一些柱状节理岩体的模拟研究,但是对于节理岩体结构,尤其是柱体顶面的结构描述尚没有定量的描述,一般多采用随机 Voronoi 图来描述。Voronoi 图本身也具有非常大的差异性,因此建立柱状节理岩体结构特征定量描述对于柱状节理岩体模型重构尤为重要。

对于柱状节理岩体的柱面结构,Goehring 根据北爱尔兰巨人台阶进行着色,绘制了柱状节理岩体柱面结构如图 3.1 所示。结合图 2.3(b)的白鹤滩柱状节理岩体柱面素描图,可见柱状节理岩体的柱面节理具有较为明显的几何特性。巨人台阶柱体较为规则和均匀,以五边形和六边形为主,白鹤滩柱状节理岩体与之相比分布不均匀,以四边形和五边形为主,块体面积差异较大。

 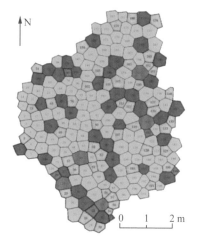

（a）巨人台阶图像　　　　　　　（b）200 个柱子彩绘图像[2]

图 3.1　柱状岩体节理示意图

经过白鹤滩柱状节理岩体和北爱尔兰巨人台阶之间的对比，可见柱状节理具有一定的空间变异性。为较为合理地描述柱状节理岩体的这种空间变异性，定义了变异系数 CV（coefficient of variation）来描述。此外，白鹤滩柱状节理岩体和北爱尔兰巨人台阶之间的单个柱体面积也有一定的差异，因此还需要一个参数来描述柱体的面积，为简化处理，取单位面积的柱体数量来描述柱体的密度 CD（columnar density）。

柱状节理岩体的空间分布特征可以通过如表 3.1 所示的六个基本参数来描述。所述六个参数均可以通过工程现场调查获得，从而可以结合相关参数建立准确描述工程现场柱状节理岩体形态的几何模型。以白鹤滩水电工程坝基柱状节理岩体为例，其柱状节理发育明显，根据节理面的素描图分析，单位面积的柱体数量约为 20，其柱体面积的变异系数为 44.18%；柱体坝基典型柱状节理的倾向为 145°，倾角为 72°；横向隐节理发育，间距为 1.52 m，隐节理未完全切割柱体，发育概率约为 38.2%。具体参数如表 3.2 所示。

表 3.1　柱状节理岩体参数

参数	符号	单位	物理意义
节理密度	CD	$/m^2$	柱状节理密度
变异系数	CV	%	柱状节理区域面积的差异程度

续表

参数	符号	单位	物理意义
节理倾角	DIP	°	柱状节理的倾角
节理倾向	DD	°	柱状节理的倾向
隐节理间距	TJD	m	横向隐节理的间距
隐节理概率	TJP	%	横向隐节理的发育程度

表 3.2　白鹤滩水电工程坝基柱状节理岩体参数表

DIP	DD	CD	CV	TJD	TJP
72°	145°	20/m^2	44.18%	1.52 m	38.2%

为构建柱面几何结构，建立随机 Voronoi 节理模型，将结果提取形成柱面，然后对柱面进行一定的方向拉升建立了柱状节理岩体模型。该方法生成的 Voronoi 图形是完全随机的，无法控制 Voronoi 图形的变异系数值。因此如何生成指定变异系数值的 Voronoi 图形是柱状节理岩体建模的主要难点之一。为生成指定变异系数的 Voronoi 图形，结合 Voronoi 图像的基本生成原理，在深入研究了限制重心 Voronoi 算法的基础上，提出一种改进的指定变异系数 Voronoi 图形生成算法。

3.1.2　改进限制 Voronoi 建模算法

Voronoi 图是计算几何里常用的一种图形剖分算法。Voronoi 多边形也被称为泰森多边形，A·H. Thiessen 先将所有相邻气象站连成三角形，然后对这些三角形各边进行垂直平分，将垂直平分线的交点连接起来得到一个多边形，从而计算区域的平均降雨量。因此，Voronoi 多边形图由种子和多边形区域组成，如图 3.2 所示，可见每个多边形内有一个生成种子，多边形内任意点到该种子的距离短于到其他种子距离，多边形边界上的点到生成此边界的种子距离相等。结合 A·H. Thiessen 构建多边形的思路，可以发现 Voronoi 图形算法与 Delaunay 三角剖分具有对偶特性。因此，建立 Voronoi 图的常用算法为：

（1）根据离散点构建 Delaunay 三角网，对离散点和形成的三角形编号，记录每个三角形是由哪三个离散点构成的。

（2）找出与每个离散点相邻的所有三角形的编号，并记录下来。这只要在已构建的三角网中找出具有一个相同顶点的所有三角形即可。

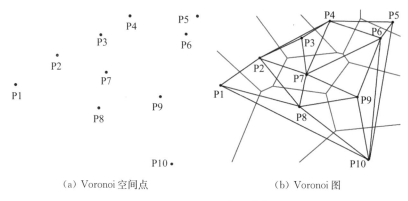

（a）Voronoi 空间点	（b）Voronoi 图

图 3.2　Voronoi 图像生成模拟

（3）对与每个离散点相邻的三角形按顺时针或逆时针方向排序，以便下一步连接生成 Voronoi 多边形。

（4）计算每个三角形的外接圆圆心，并记录其位置。

（5）根据每个离散点的相邻三角形，连接这些相邻三角形的外接圆圆心，即得到 Voronoi 多边形。

虽然 Voronoi 算法可以模拟岩体材料极其复杂的裂隙网络，但是将其直接用于柱状节理岩体的模拟还存在以下两个方面的问题：首先采用 Voronoi 算法生成的多边形在边界区域内不是闭合的，仅仅在内部是重合的；其次岩石节理的分布具有一定的规律性，随机生成的 Voronoi 图无法满足工程现场的柱状节理岩体分布规律。

为解决传统 Voronoi 图生成算法过程中出现的边界多边形无法闭合问题，Mollon 等[3]对考虑边界面影响的限制 Voronoi 算法的基本原理进行了较为细致地表述，限制 Voronoi 算法的生成流程如图 3.3 所示。具体流程可以表述为：

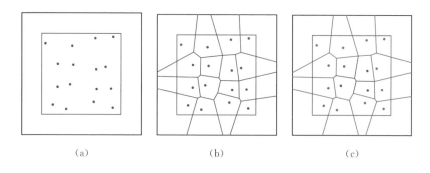

（a）	（b）	（c）

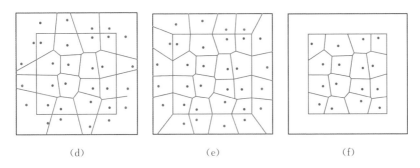

（d）　　　　　　　　（e）　　　　　　　　（f）

图 3.3　限制 Voronoi 算法原理示意图

（1）在指定区域内（以蓝色边框为例）生成指定数量的随机点（以 16 个为例），如图 3.3（a）所示。

（2）采用传统 Voronoi 算法对 16 个随机点进行 Voronoi 剖分，如图 3.3（b）所示。

（3）对生成的 Voronoi 图形进行处理，标记边界上的没有形成闭合的 Voronoi 多边形，如图 3.3（c）所示。

（4）根据边界上未闭合 Voronoi 多边形对应的种子，然后边界对称位置上添加新的 Voronoi 生成种子，运行结果如图 3.3（d）所示。

（5）根据新添加的 Voronoi 生成种子，重新运行 Voronoi 剖分算法，使原来不闭合的多边形形成闭合区域，如图 3.3（e）所示。

（6）删除区域以外的多边形，即可得到限制区域内的 Voronoi 多边形图形，如图 3.3（f）所示。

分析最终得到的 Voronoi 图形可见，采用限制 Voronoi 图算法可以有效解决传统 Voronoi 剖分算法存在的第一个问题，即边界多边形无法闭合的问题。在解决第二个问题前，在限制 Voronoi 剖分的基础上，回顾了限制重心 Voronoi 算法的基本原理和计算流程。限制重心 Voronoi 剖分是一种特殊的图形分割算法，其主要特征在于 Voronoi 图形的重心与 Voronoi 多边形的种子重合，为便于说明重心 Voronoi 算法的基本特征，对随机 Voronoi 图和重心 Voronoi 图进行了对比。由图 3.4 可知，重心 Voronoi 算法计算得到图形比较均匀，类似于北爱尔兰巨人台阶的素描图。事实上，早在 20 世纪 Degraff 等人便采用重心 Voronoi 来描述诸如北爱尔兰巨人台阶此类自然现象，并且得到了很好的验证[4]。但是限制重心 Voronoi 算法计算得到的图形过于均匀，随机

Voronoi 算法生成的图形差异过大,因此一般柱状节理岩体柱面结构可以视为随机 Voronoi 图到重心 Voronoi 图形的一个中间步。为确定从随机 Voronoi 图生成重心 Voronoi 图的中间步,研究了重心 Voronoi 生成算法。

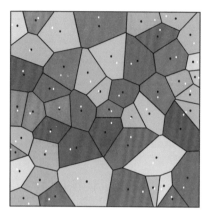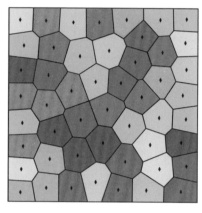

（a）随机 Voronoi 图　　　　　　　（b）重心 Voronoi 图

图 3.4　随机 Voronoi 图和重心 Voronoi 图(白色点为种子,黑色点为多边形的重心)

　　常用的重心 Voronoi 生成算法主要有 Lloyd 和 MacQueen 两种方法[5-6]。考虑到 MacQueen 方法需要多重迭代,本章采用 Lloyd 方法来构建重心 Voronoi 图。Lloyd 算法也称为 Voronoi 松弛算法,Lloyd S 最早采用此方法来实现指定区域的规则与均匀剖分[7]。Lloyd 算法基于简单的迭代计算,可以逐步实现重心化 Voronoi 剖分,Du 等人也从数学分析角度严格证明了该方法的收敛性[8]。Lloyd 算法主要包含四个步骤。首先,对于限制区域和指定数量的种子 Y_i,计算相应的限制 Voronoi 剖分;然后对每一 Voronoi 多边形计算其重心 Z_i,确定重心 Z_i 与种子之间的误差;其次将重心 Z_i 设置为新的生成 Voronoi 图形的种子;重复上述步骤,直至生成的 Voronoi 多边形重心与生成图形的种子重合。根据 Lloyd 松弛算法生成重心 Voronoi 图的基本原理,可见需要多次反复计算 Voronoi 图形的重心,实际程序运行过程中 Voronoi 图重心的计算也占用了大量的计算时间。对于任意多边形区域,其重心计算公式为

$$Z_i = \frac{\int_{V_i} \chi \rho(\chi) \mathrm{d}V_i}{\int_{V_i} \rho(\chi) \mathrm{d}V_i} \tag{3.1}$$

式中，V_i 为多边形区域；χ 为区域的位置；$\rho(\chi)$ 为密度函数，一般默认 $\rho(\chi)=1$。

为准确高效地计算任意多边形的重心，本章提出两种常用的算法。一种是基于三角剖分的精确积分算法，另一种是抽样方法。其中，第一种算法精度较高，但是计算效率稍低；第二种算法计算效率较高，但是需要大量的随机点来保证计算精度。

（1）精确积分算法

Voronoi 多边形重心计算的精确积分算法的原理如图 3.5 所示，对于任意 n 个顶点的多边形，可以轻易离散为 $n-2$ 个三角形，对于任意三角形 $A_i(x_i, y_i)(i=1, 2, 3)$，其重心和面积计算公式为

$$\begin{cases} x_g = \dfrac{x_1 + x_2 + x_3}{3} \\ y_g = \dfrac{y_1 + y_2 + y_3}{3} \\ S = \dfrac{\left[(x_2 - x_1) \times (y_3 - y_1) - (x_3 - x_1) \times (y_2 - y_1)\right]}{2} \end{cases} \tag{3.2}$$

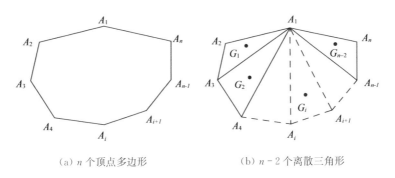

(a) n 个顶点多边形　　　　　　(b) $n-2$ 个离散三角形

图 3.5　多边形区域离散

然后计算每一个三角形的重心和面积，分别记为 $G_i(x_{gi}, y_{gi})$ 和 S_i，则任意 n 个顶点的多边形的重心计算公式为

$$X_g = \frac{\sum\limits_{i=1}^{n-2} x_{gi} S_i}{\sum\limits_{i=1}^{n-2} S_i} \tag{3.3}$$

$$Y_g = \frac{\sum\limits_{i=1}^{n-2} y_{gi} S_i}{\sum\limits_{i=1}^{n-2} S_i} \tag{3.4}$$

（2）随机抽样方法

随机抽样方法的基本原理如图 3.6 所示，对于限定区域内，生成 N 个随机抽样点，对于任意 Voronoi 多边形区域，计算任意多边形区域内的抽样点，则重心计算问题转化为"N-D 最近点搜索"问题，该问题在数学分析领域有专门的研究，较容易通过程序来实现，且计算速度较快[9]。假定 n 个点 $P_i(x_i, y_i)$ 在该区域内，则该多边形区域的重心计算公式为

$$X_g = \frac{\sum\limits_{i=1}^{n} x_i}{n} \tag{3.5}$$

$$Y_g = \frac{\sum\limits_{i=1}^{n} y_i}{n} \tag{3.6}$$

结合随机抽样方法的原理，可知该方法是一个近似的方法，当抽样点数量越大时，计算越接近真实值，如果选取合适的抽样点数量，既可以保证精度，同时具有很高的计算效率。

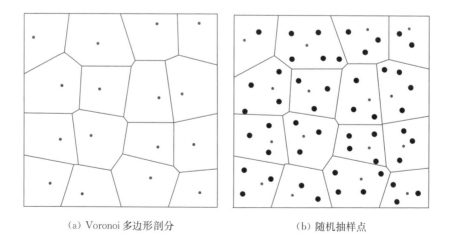

（a）Voronoi 多边形剖分　　　　　　　　（b）随机抽样点

图 3.6　随机抽样方法示意图

图 3.4 显示了重心 Voronoi 图形和随机 Voronoi 图形的不同,如何定量表征这种差异是一个十分重要的问题,同时也是衡量岩体节理特性的重要指标。因此,必须保证该指标在 Lloyd Voronoi 松弛中表现出单调性。常用的表述 Voronoi 图形分布均匀程度的方法有两种,一种是 Du 对于任意 Voronoi 剖分 $\{\Omega_i\}_{i=1}^n$ 提出采用能量 E 来表征;另外一种是提出采用多边形面积变异系数 $CV^{[10-11]}$ 来表征,两种方法的基本公式如下:

$$E = \sum_{i=1}^n \int_{\Omega_i} \rho(\chi) \mid\mid X - X_g \mid\mid^2 d\sigma \tag{3.7}$$

$$CV = \frac{SD}{n} \tag{3.8}$$

式中,X 为 Voronoi 多边形区域的种子;X_g 为 Voronoi 多边形的重心;$\rho(\chi)$ 为密度函数,默认 $\rho(\chi) = 1$;SD 为多边形区域面积的标准差;n 为多边形区域的个数。

结合 Lloyd 松弛算法基本原理,通过计算机编程语言编写了限制重心 Voronoi 算法的相关程序,绘制了该程序在迭代过程中不同迭代步对应的 Voronoi 图形。能量值和变异系数的变化如图 3.7 所示,可以看出随着 Lloyd 算法迭代次数的增加,随机 Voronoi 图逐渐接近为重心 Voronoi 图,当迭代超过 30 步时,Lloyd 算法基本收敛。另外,变异系数和能量值随着迭代次数的增加呈现单调递减逐渐收敛的变化趋势。因此,通过改进 Lloyd 松弛算法使其变异系数值满足实际的工程现场分布,便可以生成柱状节理岩体柱面 Voronoi 图形。

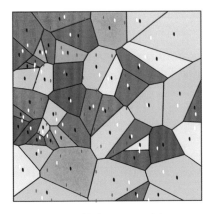
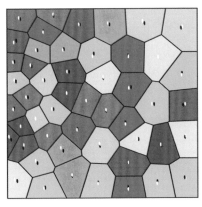

(a) 初始随机 Voronoi 图   (b) 迭代 5 步

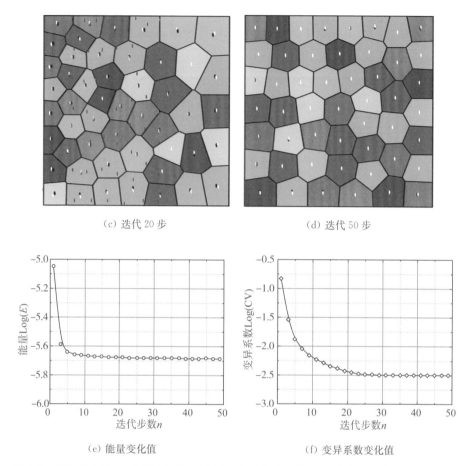

(c) 迭代 20 步　　　　　　　　　　　　(d) 迭代 50 步

(e) 能量变化值　　　　　　　　　　　　(f) 变异系数变化值

图 3.7   限制重心 Voronoi 算法示例(其中黑色点为多边形的重心,白色为生成 Voronoi 种子)

对于自然形成的类 Voronoi 结构而言,其变异系数一般都介于随机和重心 Voronoi 图之间。现场岩体变异系数介于迭代步数 n 和 $n+1$ 之间。因此,本章结合二分法和 Lloyd 算法的思想,在第 n 步和第 $n+1$ 步之间进行调整,提出了一种改进限制 Voronoi 迭代算法。该算法的流程如图 3.8 所示,具体流程如下:

(1) 根据节理密度 CD 在指定区域 D 内生成给定数量的随机点 P_0。

(2) 记录迭代次数 $i=i+1$。

(3) 采用限制 Voronoi 图算法进行区域剖分,计算其重心和变异系数,分别记为 PC_i 和 CV_i。

(4) 如果 $|CV_i-CV|<$Error,输出 Voronoi 图信息,程序结束。

（5）如果 $CV_i > CV$，更新临时种子 $P_t = P_i$，将生成 Voronoi 图的"种子" P_i 设置为本次 Voronoi 图的重心 PC_i，转到步骤（2）。

反之 $CV_i < CV$，将上一次 Voronoi 图种子 PN_i 设置为上次 Voronoi 图的种子 PN_i 和临时种子 P_t，转到步骤（2）。

（6）重复步骤（5），直到 $|CV_i - CV| < Error$，输出 Voronoi 图形信息。

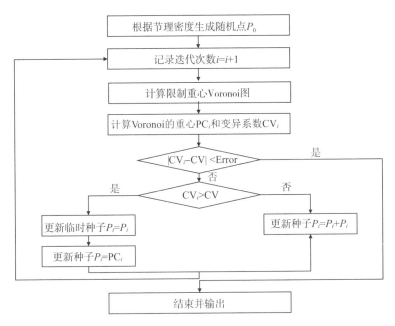

图 3.8　改进限制重心 Voronoi 迭代算法流程

3.1.3　周期性 Voronoi 生成与处理

在多尺度数值模拟中，当宏观力学行为通过细观尺度上的均匀化计算时，多采用周期性边界计算。为施加周期性变形，本章在已有基础上，提出了生成周期性 Voronoi 图像的方法。将已有种子向周边 8 个邻域平移，如图 3.9（a）所示，再用原来的区域去裁剪用新种子生成的 Voronoi 图，如图 3.9（b）所示，最终可以得到具有周期性结构的 Voronoi 图形，如图 3.9（c）所示。

值得一提的是在 Voronoi 图形生成的情况下，会存在一定数量的短边，如图 3.9（c）所示，这些短边对于后期数值计算模型的质量有着很大的影响，因此需要将这些短边删除，一般采用短边上两个点合并为一个点的方式来实现，具体操作如图 3.10 所示。一边一次短边合并操作不一定会把所有的短边都处理完,有时候需要两次或者三次才能把所有短边都处理完[12]。

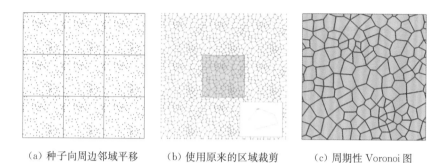

（a）种子向周边邻域平移　　　（b）使用原来的区域裁剪　　　（c）周期性 Voronoi 图

图 3.9　周期性 Voronoi 图形生成

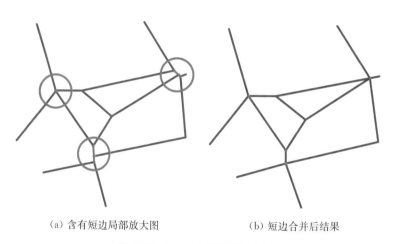

（a）含有短边局部放大图　　　　　（b）短边合并后结果

图 3.10　Voronoi 图形短边删除

3.2　柱状节理块体建模

3.2.1　柱状节理岩体建模流程

以上研究分析了柱状节理岩体的基本结构特性,提出采用六个参数来描述柱状节理岩体的结构特征。对每一个参数的意义进行详细分析并结合改进的 Voronoi 图生成算法和柱状节理岩体的参数描述最终建立柱状节理岩体的参数化建模流程如下:

（1）根据节理密度（CD）和表征体积单元（RVE）区域的大小，确定 Voronoi 图"种子"的数量，生成随机 Voronoi 图。

（2）结合改进的 Lloyd 松弛算法，生成指定变异系数（CV）的 Voronoi 图，导出 Voronoi 图形的坐标信息。

（3）根据指定变异系数 Voronoi 图按照指定倾向（DD）和倾角（DIP）进行延伸，由二维图形拉伸为三维实体。

（4）根据隐节理的间距（TJD）和隐节理概率（TJP）在垂直于柱体方向生成指定分布特征的横向隐节理。

（5）选定一定的区域对柱体进行切割，获取每一个块体的基本信息。提取块体信息，将块体信息按照一定的格式写入不同软件，如 3DEC、GMSH 和 Auto CAD。

3.2.2　柱状节理岩体模型重构

根据柱状节理岩体参数化建模流程及白鹤滩柱状节理岩体的地质统计资料。初步选定白鹤滩水电工程坝基柱状节理岩体的表征单元体积（RVE）为 3 m×3 m×3 m 的立方体，考虑到节理的倾向和倾角以及模型切割为立方体的要求，选取 Voronoi 生成区域为 5 m×5 m×3 m，其中柱面尺寸为 5 m×5 m，柱体高度为 3 m，具体实现步骤如图 3.11 所示。

根据白鹤滩柱状节理岩体的节理密度，每平方米 20 个多边形柱体，因此需要随机生成 500 个种子，生成随机 Voronoi 图形，如图 3.11（a）所示，采用提出的改进限制重心 Voronoi 迭代算法经过 7 次迭代生成变异系数为 44.18% 的 Voronoi 图，如图 3.11（b）所示。变异系数的迭代过程如图 3.11（c）所示，仅通过 7 次迭代便可以达到目标状态，表明提出的限制重心 Voronoi 迭代方法具有高效性。为表明生成模型的合理性，与现场柱状节理顶面的统计结果进行了对比。分别对比了块体面积、块体边数和块体边长，分别如图 3.11（d）（e）（f）所示，可见采用变异系数指标可以综合表征柱状节理岩体的形态。根据柱状节理的倾向和倾角，形成三维柱状节理，经过隐节理切割，建立柱状节理岩体模型如图 3.11（g）所示。通过 RVE 边界对块体进行切割运算，建立了三维柱状节理岩体的块体模型如图 3.11（h）所示。然后将节理面导入颗粒流分析软件模型中，得到了基于颗粒离散元的柱状节理岩体三维颗粒模型如图 3.11（i）所示。

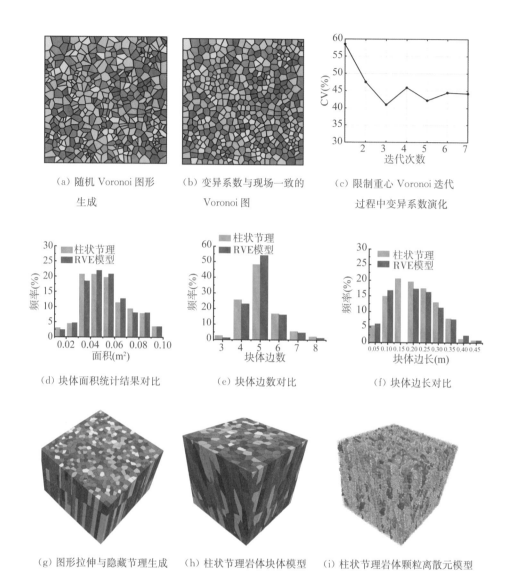

（a）随机 Voronoi 图形生成　　（b）变异系数与现场一致的 Voronoi 图　　（c）限制重心 Voronoi 迭代过程中变异系数演化

（d）块体面积统计结果对比　　（e）块体边数对比　　（f）块体边长对比

（g）图形拉伸与隐藏节理生成　　（h）柱状节理岩体块体模型　　（i）柱状节理岩体颗粒离散元模型

图 3.11　柱状节理岩体数值模型生成流程

　　为更具一般性，结合本章提出的柱状节理岩体生成算法，生成了不同倾角和不同变异系数的柱状节理块体模型和颗粒离散元模型，如图 3.12 和图 3.13 所示。由此可见，提出的方法可以较为真实地满足工程岩体的实际分布特征，从而为分析柱状节理岩体的工程特性提供强有力的支持。

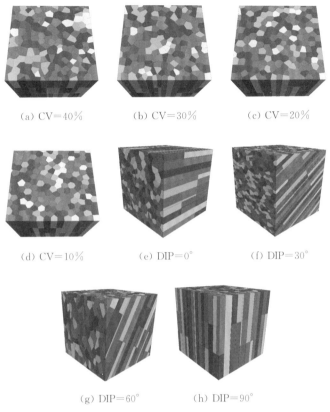

(a) CV=40%　　　　(b) CV=30%　　　　(c) CV=20%

(d) CV=10%　　　　(e) DIP=0°　　　　(f) DIP=30°

(g) DIP=60°　　　　(h) DIP=90°

图 3.12　不同变异系数和倾角的柱状节理块体模型

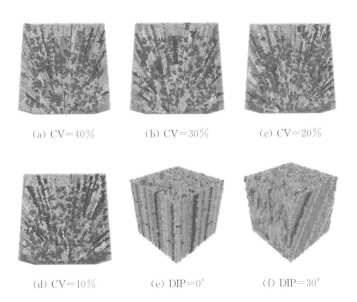

(a) CV=40%　　　　(b) CV=30%　　　　(c) CV=20%

(d) CV=10%　　　　(e) DIP=0°　　　　(f) DIP=30°

(g) DIP＝60°   (h) DIP＝90°

图 3.13   不同变异系数和倾角的柱状节理颗粒离散元模型

3.3   柱状节理岩体建模程序 VoroRock

3.3.1   程序概况

研究开发了开源的柱状节理岩体建模程序 VoroRock,该开源脚本是论文 "Numerical Homogenization Study on the Effects of Columnar Jointed Structure on the Mechanical Properties of Rock Mass"的一部分。它是一个与非线性有限元分析软件结合的计算机程序设计语言脚本。脚本不仅可以以非线性有限元分析软件等 FEM 代码生成 RVE 模型,还可以以二维离散元软件和颗粒流分析软件等 DEM 代码生成具有周期性的或非周期性 RVE 模型。此代码有助于柱状节理的建模。该软件的基本情况如下:

软件使用协议:GNU General Public License, version 3;

编程语言:计算机程序设计语言 2.7. x;

软件要求:非线性有限元分析软件 6.14 以上;

操作系统:不限。

3.3.2   参数设置

dirpath:程序运行路径,例如' D:\Temp\VoroRock' ;

CD:节理密度,单位面积种子数,例如 20 /m²;

Jt:节理厚度,例如 0.01 m;

CV:变异系数,0～1 之间,例如 0.4;

domain:模型的尺寸,默认为矩形尺寸的长宽,例如(1,1);

isperiodic:模型的周期性,对于周期性结构,该值为 1,非周期性结构为 0;

cv_error：编译系数的收敛精度，例如 1%；

edge_error：可以忽略的小边的长度，例如 0.05 m。

3.3.3 程序运行

VoroRock 程序支持多种软件，本书附录提供的程序支持非线性有限元分析软件、颗粒流分析软件和二维离散元软件。主要运行结果如下：

（1）非线性有限元分析软件

直接运行主函数"main.py"，可以得到两个部件"IniRock"和"JointRock"。部件"IniRock"是块体模型，块体和块体之间没有厚度。部件"JointRock"是嵌入指定厚度的模型，如图 3.14 所示。

（2）颗粒流分析软件模型

程序运行完成后，在相同的路径下，会生成"Joint_rock.p2dat"文件。该文件可以直接被颗粒流分析软件读取，程序运行的结果如图 3.15 所示。

（3）二维离散元软件模型

程序运行完成后，在相同的路径下，会生成"GBM.uddat"文件。该文件可直接被二维离散元软件读取，程序运行结果如图 3.16 所示。

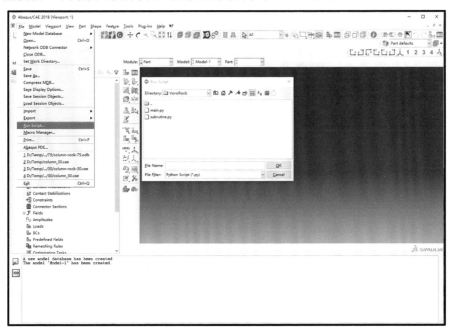

（a）程序运行界面

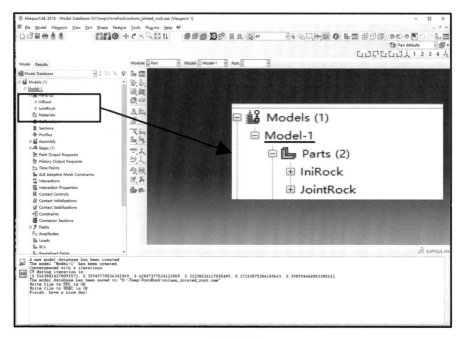

（b）部件生成

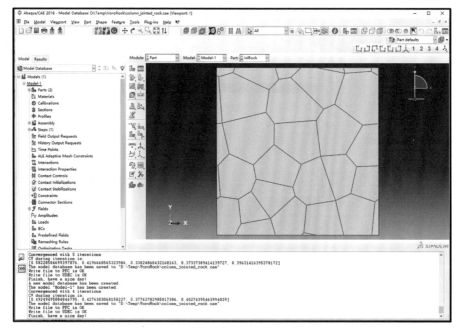

（c）块体模型

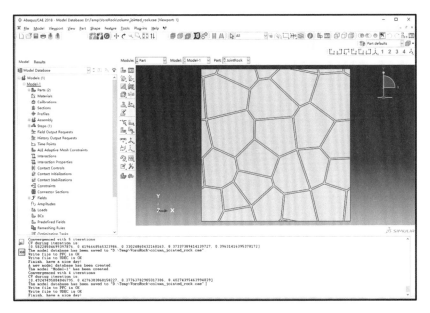

（d）嵌入厚度的块体模型

图 3.14　非线性有限元分析软件运行结果

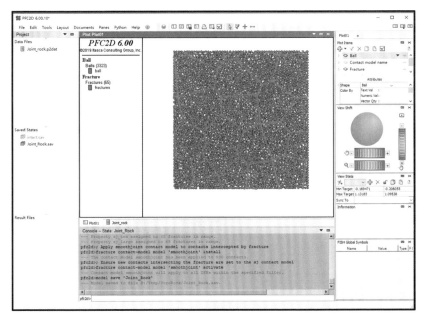

（a）离散裂隙网络

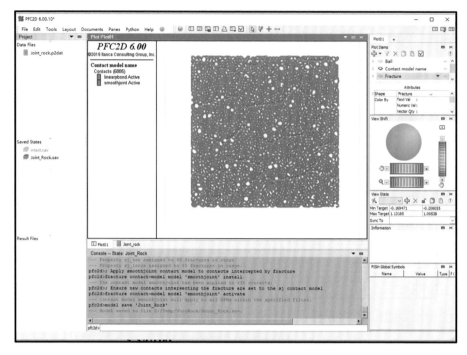

（b）力链分布情况

图 3.15   颗粒离散元程序运行结果

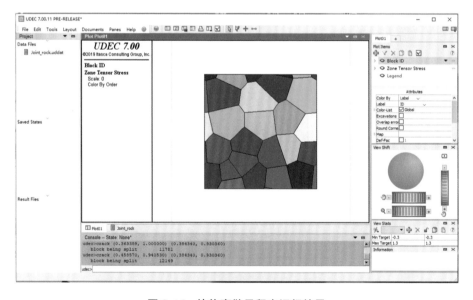

图 3.16   块体离散元程序运行结果

参考文献

［1］ MENG Q，WANG H，XU W，et al. Numerical homogenization study on the effects of columnar jointed structure on the mechanical properties of rock mass[J]. International Journal of Rock Mechanics and Mining Sciences，2019，124:104-127.

［2］ GOEHRING L. On the scaling and ordering of columnar joints Doctoral [D]. Toronto:University of Toronto，2008.

［3］ MOLLON G，ZHAO J. Fourier-Voronoi-based generation of realistic samples for discrete modelling of granular materials[J]. Granular Matter，2012，14(5):621-638.

［4］ DEGRAFF J M，LONG P E，AYDIN A. Use of joint-growth directions and rock textures to infer thermal regimes during solidification of basaltic lava flows[J]. Journal of Volcanology & Geothermal Research，1989，38(34):309-324.

［5］ DU Q，GUNZBURGER F M. Centroidal Voronoi tessellations:Applications and algorithms[J]. Siam Review，1999,41: 637-676.

［6］ DU Q，WONG T W. Numerical studies of MacQueen's k -means algorithm for computing the centroidal voronoi tessellations[J]. Computers & Mathematics with Applications，2002，44(34):511-523.

［7］ LLOYD S . Least squares quantization in PCM[M]. IEEE Transactions on Information Theory，2006.

［8］ DU Q，EMELIANENKO M，JU L. Convergence of the Lloyd algorithm for computing centroidal Voronoi tessellations[J]. Siam Journal on Numerical Analysis，2006，44: 102-119.

［9］ BARBER C B，DOBKIN D P，HUHDANPAA H. The quickhull algorithm for convex hulls[J]. ACM，1996(4).

［10］ DUYCKAERTS C，GODEFROY G. Voronoi tessellation to study the numerical density and the spatial distribution of neurones[J]. Journal of Chemical Neuroanatomy，2000,20: 83-92.

[11] MINCIACCHI D, GRANATO A . How relevant are subcortical maps for the cortical machinery? An hypothesis based on parametric study of extra-relay afferents to primary sensory areas[J]. Advances in Psychology, 1997, 119:149-168.

[12] ABDELAZIZ, ZHAO, GRASSELLI, et al. Grain based modelling of rocks using the combined finite-discrete element method[J]. Computers and Geotechnics, 2018, 103: 73-81.

第4章

柱状节理岩体块体离散元模拟

岩体结构面的存在是影响其变形特性、强度特性以及工程开挖卸荷力学响应的主要因素之一,而这种节理岩体的复杂力学行为的数值模拟也是计算力学的研究热点。使用较多的计算方法主要有有限单元法和离散单元法。有限单元法在工程计算领域使用较早,是一种较为成熟的分析手段,主要用于连续介质的计算,随着计算理论的发展也可用于非连续介质问题的分析。离散单元法由 Cundall 于 1971 年提出,是一种显式求解的数值方法,和有限单元法一样,将块体划分成单元,块体与块体之间受节理等不连续面控制,服从牛顿第二运动定律,可模拟块体或者颗粒的滑移、脱开和碰撞等行为,在解决涉及非连续介质力学问题领域较为成熟。

由室内模型试验结果可以看出,柱状节理岩体在最不利加载方向的破坏为沿着原生节理面的岩体结构破坏,而节理的张开和闭合也与岩体的宏观力学响应以及渗透率的变化紧密联系。节理岩体宏观尺度上的复杂力学特性反映到每一条岩石节理的细观力学响应,而节理面在不同应力状态下的变形与强度特性直接影响着岩体的破坏模式、变形和强度特性,是数值分析中不可忽视的影响因素。离散单元法相对于连续介质有限单元法而言,突出了块体与块体、节理与节理之间的相互作用,是解决非连续介质问题较好的分析方法。

本章基于块体离散元三维数值模拟,对单一节理的非线性力学特性开展数值分析,探讨节理本构模型和变形特性,对柱状节理岩体在单轴和三轴加载过程中的变形与强度特性进行数值模拟,对比分析不同柱体倾角下岩体的破坏模式,并与室内模型试验成果进行对比分析。针对现场柱状节理岩体的节理刚度不易直接获取的问题,基于现场变形试验成果对节理刚度取值进行了反演分析。

4.1 单节理剪切非线性数值分析

4.1.1 节理本构模型

离散元数值模拟通常具有简单本构和复杂模型的特点,通过结构面的简单细观本构来表现复杂岩体结构的宏观力学行为。3DEC 的结构模型分为岩块和结构面,对于节理本构模型,如图 4.1 所示,3DEC 提供了摩尔库仑滑移模型(Mohr-Coulomb slip model)和连续屈服节理模型(continuously yielding joint model)。摩尔库仑节理模型的强度参数主要有节理面的摩擦角、黏聚力和抗拉强度，在剪切破坏后节理面不再抗拉，可以有残余摩擦角和黏聚力，可以模拟一般结构面的力学行为。连续屈服节理模型以材料摩擦角在剪切变形中的变化来描述结构面的渐进破坏和非线性变形特性，因此可以表现节理岩体受力变形的滞后效应。相对摩尔库仑滑移模型而言，采用连续屈服节理模型使岩体具有更真实的峰后特性，可以表现岩石节理的损伤随着剪切变形增大同时剪应力下降的行为，结构面的法向与切向刚度随受力状态而改变。

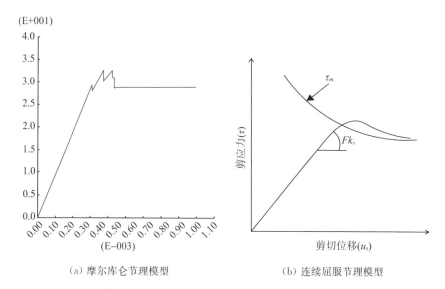

（a）摩尔库仑节理模型　　　　　　（b）连续屈服节理模型

图 4.1　摩尔库仑节理模型和连续屈服节理模型剪应力-位移曲线

连续屈服节理模型最早由 Cundall 教授提出[1]，模型中节理面上的法向应力增量与法向变形增量关系为：

$$\Delta\sigma_n = k_n \Delta u_n \tag{4.1}$$

式中，k_n 为节理法向刚度。

k_n 是法向应力的函数，其计算公式为：

$$k_n = a_n \sigma_n^{e_n} \tag{4.2}$$

式中，a_n 和 e_n 为模型参数。

节理面剪应力增量与剪切位移增量关系计算公式为：

$$\Delta\tau = F k_s \Delta u_s \tag{4.3}$$

式中，k_s 为节理面剪切刚度；F 为剪切位移中弹性变形比例。

k_s 与剪切应力相关，其计算公式为：

$$k_s = a_s \sigma_n^{e_s} \tag{4.4}$$

式(4.3)中变量 F 如图 4.1 所示，节理面的剪切模量由变量 F 控制，其取值与剪应力曲线和极限剪应力 τ_m 的距离有关，其计算公式为：

$$F = \frac{1 - \dfrac{\tau}{\tau_m}}{1 - r} \tag{4.5}$$

式中，参数 r 初始值为 0，当节理剪切变形由加载变为卸载时 $r = \dfrac{\tau}{\tau_m}$，此时 $F = 1$，即节理卸荷为弹性变形过程。

τ_m 是节理面的抗剪强度，其计算公式为：

$$\tau_m = \sigma_n \tan\phi_m \, \mathrm{sgn}(\Delta u_s) \tag{4.6}$$

式中，ϕ_m 为节理剪胀变形时的有效摩擦角。

随着剪切出现不可恢复的塑性变形，节理面开始损伤，反映为有效摩擦角 ϕ_m 的减小。

ϕ_m 与塑性剪切变形 u_s^p 关系的计算公式为：

$$\phi_m = (\phi_{\mathrm{ini}} - \phi_{\mathrm{res}}) \exp\left(-\frac{u_s^p}{R}\right) + \phi_{\mathrm{res}} \tag{4.7}$$

式中，参数 ϕ_{ini} 和 ϕ_{res} 分别为节理面的初始摩擦角和残余摩擦角；R 为与节理面材料相关的参数，用来描述节理面的粗糙程度，R 越大表示节理越粗糙，同时节理有效摩擦角 ϕ_m 减小越慢。

节理面有效摩擦角随节理面塑性剪切位移的变化曲线如图 4.2 所示，当节理面开始产生塑性剪切位移时，摩擦角由初始值 ϕ_{ini} 按照式(4.7)衰减至残余摩擦角 ϕ_{res}，其衰减速率与材料参数 R 相关。节理面在剪切过程中的抗剪强度与法向应力关系如图 4.3 所示，随着有效摩擦角由 ϕ_{ini} 衰减至 ϕ_{res}，抗剪强度 τ_m 随正应力 σ_n 变化曲线表现为斜率的减小，从而使节理面在产生塑性剪切位移时具有非线性应力位移关系，在宏观尺度上即反映为节理岩体的受力变形滞后效应。

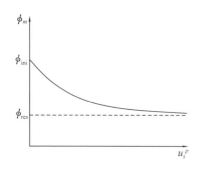

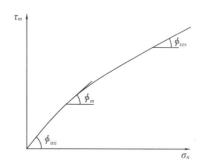

图 4.2   节理面有效摩擦角-塑性剪切位移曲线   **图 4.3   节理面抗剪强度-法向应力曲线**

4.1.2   试验模型与数值模型的建立

单节理剪切试验在岩石剪切流变仪上完成,人工节理试样采用与前述试验相同配比的相似材料制作上下层块体组成边长 15 cm 的立方体,采用白水泥浆作为节理面胶结材料,以提供节理面的内摩擦角及黏聚力。在装样时,使结构面位于剪切盒中间位置,剪切盒与垂直千斤顶之间的摩擦阻力由滚动轴承抵消。将试样装配完毕后,在竖直方向施加法向应力直至应力与变形达到稳定,对上部岩块匀速施加水平向位移直到结构面剪切破坏。由计算机记录剪应力与剪切位移,分别以法向应力 0.6 MPa、1.0 MPa 和 1.4 MPa 进行 3 组剪切试验。

针对结构面的非线性变形特性,基于离散元 3DEC 开展节理面直剪数值模拟,结构面剪切模型如图 4.4 所示,以 15 cm×15 cm×7.5 cm 的上层和下层块体接触形成中部节理面。节理面采用连续屈服节理本构,结构面材料参数列于

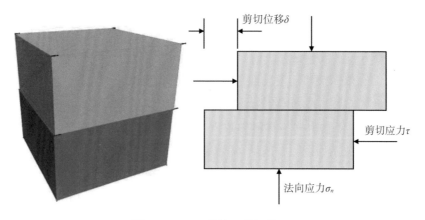

图 4.4   3DEC 结构面剪切模型

表 4.1 中。固定下层块体位移,对上层块体施加竖向应力,并在块体边缘施加速度边界,循环迭代并记录每一个时步节理面上的平均剪应力与岩块的剪切位移,直至节理面彻底破坏。

表 4.1 连续屈服模型结构面参数

k_n (GPa/m)	e_n	k_s (GPa/m)	e_s	maxk_n (GPa/m)	maxk_s (GPa/m)	ϕ_{ini} (°)	ϕ_{res} (°)	r(m)
120	1	30	1	160	50	41	37	1×10^{-4}

剪应力与剪切位移曲线如图 4.5 所示,室内试验与数值模拟结果基本一致,随着节理面法向应力的增大,抗剪强度也增大。在加载初期,节理面剪切变形较小,剪应力增加较快,剪应力与位移曲线为线性关系。伴随着不可恢复塑性剪切变形的出现,节理面剪切试验进入塑性阶段,此时剪应力增长速率减缓,变形持续增大,曲线由线性转为非线性。原本白水泥填充物与水泥砂浆相似材料交界面因滑动而出现损伤,结构面凸起相对较小,节理面的有效内摩擦角由初始值向残余内摩擦角衰减。剪应力达到峰值后不再增大,剪切变形持续增长,岩块沿节理面缓慢滑动。

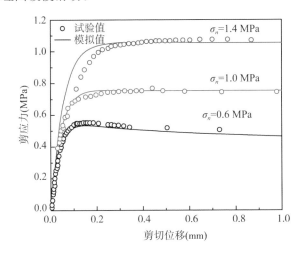

图 4.5 直剪试验剪应力-位移曲线

4.2 柱状节理岩体力学特性模拟

柱状节理可视为由多组节理以一定空间分布构成复杂节理裂隙网络,节理岩体的宏观力学响应不但与节理面力学特性相关,还受控于节理的数量、分布及方向。室内模型试验结果显示,荷载或者水压力加载方向对柱状节理岩体的破坏模式、强度参数、变形参数和渗透规律有较大影响,岩体各向异性突出。本节将在单节理力学特性的基础上,构建柱状节理岩体离散元计算模型,开展单轴及三轴压缩数值模拟,基于现场承压板试验结果进行节理刚度反分析。

4.2.1　单轴压缩数值试验对比分析

为构建正六边形镶嵌块体结构,需要编程生成柱体的空间几何信息,利用3DEC 的 Polyhedron Prism 命令导入并生成六边形块体群,切割后得到圆柱形数值模型如图 4.6 所示。六棱柱边长 5 mm,柱体倾角在 0°~90°范围间隔 15°变化。在试样上端和底部加以刚性压板,对块体进行网格剖分,分别赋予节理与岩块材料参数,水泥砂浆块体采用摩尔库仑本构,材料参数见表 4.2,节理采用连续屈服节理模型。固定试样下端压板,给上端刚性板均匀施加位移边界,单轴压缩时记录轴向应力和位移数据。

图 4.6　含不同柱体倾角 3DEC 数值模型

表 4.2　岩块材料参数

弹性模量(GPa)	泊松比	密度(g·cm^{-3})	内聚力(MPa)	摩擦角(°)
12.5	0.24	2.19	12.1	49.2

轴向应力与轴向位移关系如图 4.7、图 4.8 所示,数值试验中岩块与节理均赋以相同的参数,不同之处在于柱体倾角变化所带来结构上的差异,曲线斜率及峰值强度的不同也反映出岩体的各向异性力学特性。

当倾角为 90°时,单轴抗压强度最大,加载方向与节理方向平行,因此变形与强度基本由岩块贡献,曲线在应力达到峰值强度前近似为线弹性。除 90°倾角的岩体,柱体倾角 $0°\sim75°$ 的岩体在加载初期均有上凹的非线性压密阶段。轴向应力达到峰值后便持续减小,变形持续增加,没有明显的残余强度,岩体加速破坏。

强度最小为柱体倾角 $45°\sim60°$ 的柱状节理岩体,其弹性模量亦最小,在短暂的加载后岩体即沿柱体方向滑动破坏,岩体的强度与模量由节理贡献。此为岩体的最不利加载方向,数值模拟规律与室内试验结果一致。

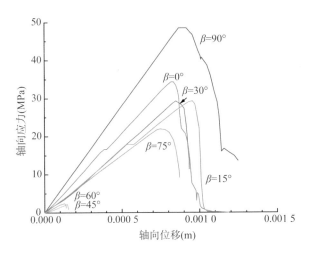

图 4.7 轴向应力-轴向位移曲线

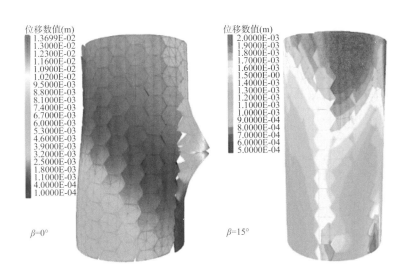

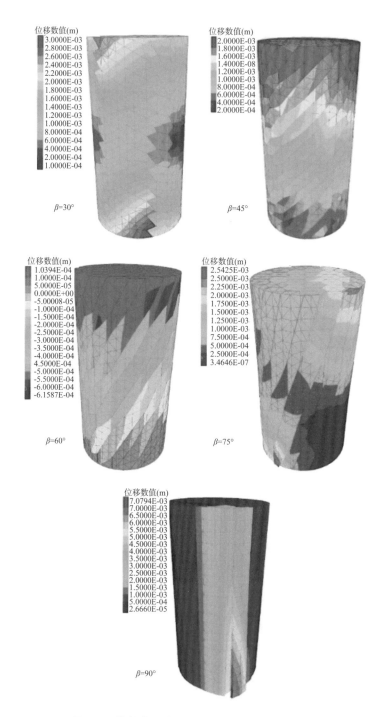

图 4.8　柱状节理岩体单轴压缩破坏和位移云图

不同柱体倾角的柱状节理岩体单轴抗压强度的数值模拟与模型试验结果如图 4.9 所示,两组曲线总体上呈带肩形的"V"形分布,曲线关于柱体倾角不对称,单轴抗压强度随柱体倾角变化规律基本一致。岩体强度最高是柱体倾角为 90°时,其次为柱体倾角 0°,加载方向垂直或平行于柱体方向时,岩体强度基本由岩块贡献而强度较高。最不利加载方向为柱体倾角 45°~60°,由于连续屈服节理本构不考虑节理面抗拉强度[式(4.6)],当法向应力较小时,节理面的抗剪强度较小,而试验所用白水泥胶结物实为带有微小黏聚力的材料,相比之下数值结果相对模型试验偏小。通过强度参数对比可以看出,基于离散单元法的数值模拟较符合实际,可以表现柱状节理岩体强度的各向异性特性。

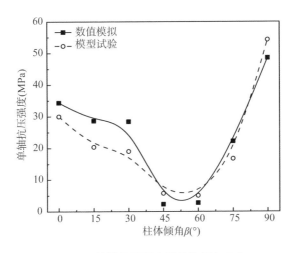

图 4.9　单轴抗压强度随柱体倾角变化

不同柱体倾角柱状节理岩体弹性模量的数值与试验结果如图 4.10 所示,与强度曲线相似,在倾角为 90°时岩体的弹性模量最大,此时岩体的轴向变形主要为岩块的变形,岩体的表观弹性模量由岩块提供。随着柱体从 90°旋转至75°,在加载方向上不但有岩块受力变形,还有节理的剪切变形,并且后者远大于前者,此时岩体在同样荷载状态下的变形量将远远大于柱体倾角为 90°的试样,因此模量也迅速减小。模量在倾角 45°~60°之间最小,此时荷载几乎直接作用于薄弱节理面上,岩体的变形主要为节理的剪切变形。当加载方向与柱体方向近似垂直(0°~30°)时,岩体变形主要由岩块受力变形及节理面法向变形组成,其模量略小于倾角为 90°的柱状节理岩体,而大于倾角 30°~60°岩体。从变形参数对比可以看出,数值模拟与试验结果规律基本一致,采用离散单元法可较好地反映柱状节理岩体的变形各向异性特性。

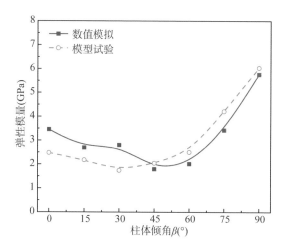

图 4.10   弹性模量随柱体倾角变化关系

4.2.2   三轴压缩各向异性强度特性

采用三维离散元 3DEC 模拟规则六边形柱状节理岩体的三轴压缩试验方法如图 4.11 所示,采用方形试样以便于施加三向应力边界条件。数值试验基本操作步骤为:在 3DEC 中建立不同倾角的正六边形柱状节理岩体模型,给岩

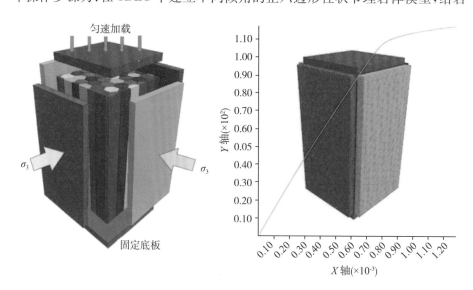

图 4.11   基于离散单元法的柱状节理岩体三轴压缩数值试验

块与节理赋予材料参数和本构模型,在 xyz 三个方向的压板施加给定的围压 σ_3,循环迭代直到试样内部不平衡力小于公差值,固定下端压板并给上端压板赋以恒定速度加载,记录轴向应力与位移关系。在加载进入塑性后得到该围压下的峰值强度,以另一组围压重复以上步骤得到相应的峰值强度,不同围压、不同柱体倾角下岩体的强度曲线如图 4.12 所示。

不同围压下柱状节理岩体强度曲线,如图 4.12(a)所示,中间低两边高,呈近似"U"形的非对称构造,最小强度为柱体呈 45°~60°倾角时,最大强度为柱体与水平面呈 90°倾角时,在柱体倾角 0°~30°时,岩体强度减小缓慢,使曲线呈现一个平台状,整体规律同试验结果一致。不同柱体倾角下的强度曲线如图 4.12(b)所示,岩体的强度随着围压的升高而增大,其中增幅最大的为柱体倾角 90°的岩体,因此岩体的强度抗剪参数也越大,柱体倾角 45°和 60°的强度增幅相对较小。

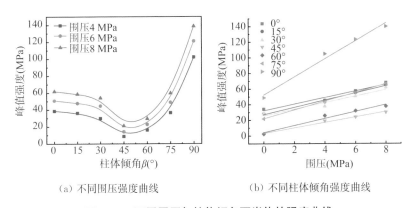

(a) 不同围压强度曲线   (b) 不同柱体倾角强度曲线

图 4.12   不同围压与柱体倾角下岩体的强度曲线

基于三轴压缩离散元数值模拟的结果绘制应力莫尔圆,根据对称性将柱状节理岩体的抗剪强度参数随柱体倾角变化的空间分布绘制如图 4.13 所示。由空间分布可以看出,柱状节理岩体抗剪强度参数受柱体倾角变化呈现较强烈的各向异性,摩擦角与黏聚力在柱体倾角 45°~60°之间最小,0°和 90°时较大,数值与试验较一致,空间分布曲线呈近似的"十字形"。白鹤滩柱状节理岩体与水平面夹角在 70°~85°之间,柱体倾角引起的强度参数变化较为剧烈,岩体强度对柱体倾角变化较为敏感。

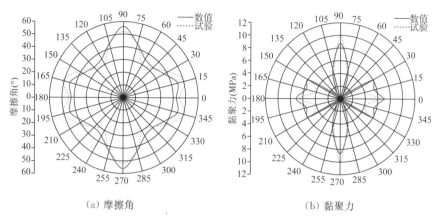

（a）摩擦角　　　　　　　　　（b）黏聚力

图 4.13　岩体抗剪强度参数随柱体倾角的空间分布

4.3　各向异性强度特性影响分析

4.3.1　节理参数影响研究

　　围压除了对三轴压缩强度有影响外，对节理和岩块强度参数亦有影响，改变节理和岩块黏聚力的比值和摩擦角的大小，在不同节理和岩块强度参数比值下，分析单轴情况下压缩强度随倾角变化的规律性。图 4.14 分别为不同岩块和节理黏聚力比值情况下、不同节理摩擦角情况下以及不同岩块与节理摩擦角情况下，破坏强度随不同节理倾角的变化曲线，反映了节理强度参数与岩块强度参数的影响程度以及变化规律。

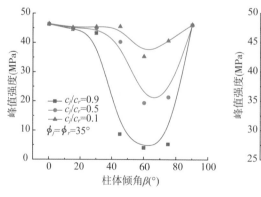

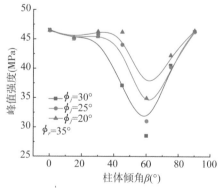

（a）不同黏聚力比值下各倾角岩体强度曲线　　（b）不同节理摩擦角情况下各倾角岩体强度曲线

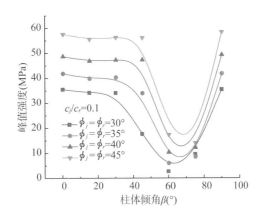

（c）不同摩擦角情况下各倾角岩体强度曲线

图 4.14　不同强度参数下各倾角岩体压缩强度变化曲线

从图 4.14(a)可以看出,随着节理黏聚力的增大,岩体强度有较大提高,各向异性程度有所降低。如果岩体破碎程度较大,节理面张开,节理黏聚力较小甚至接近零的情况下,在 $50°\sim70°$ 时会导致岩体强度降低很多,此时岩体强度是由节理强度控制。图 4.14(b)同样反映了这样的规律性,但是节理摩擦角影响比黏聚力更敏感,整体曲线呈"V"形分布。从图 4.14(c)可看出,在岩块与节理的摩擦角同取为 35°时,当节理与岩块的黏聚力比值 c_j/c_r 为 0.1 时,整体材料强度降低最大超过了 85%,如果节理摩擦角降低到 20°,强度也有最大 35%的降幅[图 4.14(b)],降低程度均与节理倾角有较大关系,在节理倾角为 $40°\sim80°$ 时,参数变化对强度影响非常明显。当节理黏聚力和摩擦角的值接近块体的强度参数值时,节理强度在整体材料强度中的作用会有明显的降低。

改变柱状节理岩体节理刚度比 k_n/k_s,分析岩体强度随节理刚度比的变化,以节理倾角 15°为例,在围压 5 MPa 下岩体随节理刚度比值影响下的应力变形曲线如图 4.15 所示,变形发生了较大的变化,刚度比 1 与 20 相比,位移增大了 70%,而破坏强度基本未发生变化。随着节理法向刚度和切向刚度比值的减小,应力变形曲线斜率变小,在同等压力作用下轴向的变形变小,整体材料有延性降低、脆性增加的趋势。

改变节理变形参数只影响岩体位移值,不影响岩体的等效强度值。岩体根据节理刚度比值的变化,强度不发生变化,而变形发生了较大的变化,随着刚度比值的减小,有延性降低转变成脆性增加的趋势。

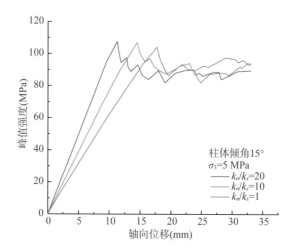

图 4.15　不同节理刚度比的应力变形曲线

4.3.2　不同柱体直径的强度特性

根据原位勘测资料及统计资料显示，$P_2\beta_3{}^2$ 岩层中柱状节理岩体，柱体不规则，柱体长 0.8～1.2 m，柱体直径一般为 20～35 cm，最宽 70 cm，柱体截面呈四边形和五边形，按照上述方法建立柱体平均直径 0.3 m 的离散元数值模型，柱体直径 0.2 m 和 0.3 m 模型的柱体截面形式如图 4.16 所示，0.3 m 直径模型完整性较 0.2 m 时好，柱状节理的数量明显减少，运用上述方法进行不同围压下各倾角破坏强度的研究，岩体不同围压下各倾角下强度曲线如图 4.17 所示。

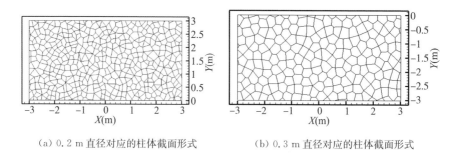

（a）0.2 m 直径对应的柱体截面形式　　　（b）0.3 m 直径对应的柱体截面形式

图 4.16　不同柱体直径对应的柱体截面形式示意图

此类柱状节理岩体不同围压下各倾角强度曲线形状与 0.2 m 柱体直径时

基本一致,与其相比强度有不同程度的提高。以柱状节理倾角75°为例,在单轴压缩情况下强度提高了35%,各围压下强度平均提高了19.4%,但在0°和90°时,由于岩体强度是由岩块强度控制,同柱体直径0.2 m时相比各围压下强度值比较接近,从图中曲线可以看出,强度特性的各向异性较明显。

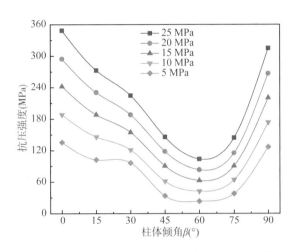

图 4.17 不同围压下 $P_2\beta_3{}^2$ 岩层柱状节理岩体各倾角下的强度曲线

弱面倾角为75°时的莫尔应力圆和强度包络线如图4.18所示,通过强度包络线可得岩体等效黏聚力为1.21 MPa,等效摩擦角为47.4°,相对0.2 m直径时有所提高,等效黏聚力提高了5.2%,等效摩擦角提高了6.8%。

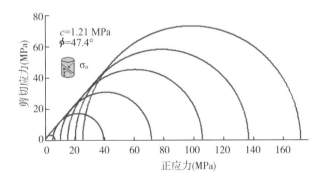

图 4.18 应力莫尔圆与强度包络线(DIP=75°,0.3 m直径)

弱面倾角为75°时岩体的应力变形曲线如图4.19所示,随着围压提高强度增长幅度较大,围压5 MPa时强度较单轴时提高约3倍,围压10 MPa下强度较 5 MPa 时提高约 1 倍,强度曲线类型近似,在围压 5 MPa 时,柱体直径 0.3 m 时强度较 0.2 m 时提高大约 40%,反映了岩体破碎程度对岩体强度的影响。

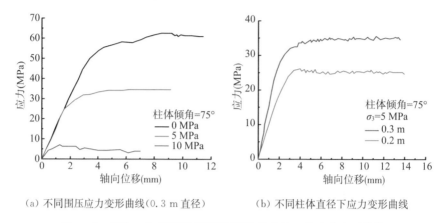

(a) 不同围压应力变形曲线(0.3 m 直径)　　(b) 不同柱体直径下应力变形曲线

图 4.19　倾角 75°时不同围压及不同柱体直径下的应力变形曲线

McLamore 和 Gray[2] 通过 3 种沉积岩的室内试验对破坏模式进行了研究,岩样包括板岩和页岩,归纳了节理岩体在不同倾角和围压状态下的 4 种主要破坏模式,分别为沿层面的剪切滑动破坏、斜交层面的剪切破坏、沿层面发生塑性流动的滑动破坏及层面因受压导致发生的扭曲变形;Jaeger 和 Cook[3] 总结了大量试验结果,将岩石材料的破坏模式区分为 3 种类型,如图 4.20 所示。Singh 等[4] 在分析不同倾角的节理岩体破坏强度时,探讨了节理倾角、间距、错距与破坏类型,区分和探讨了主要的破坏模式及模式间的关系。

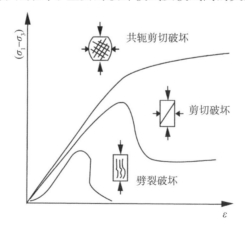

图 4.20　岩体破坏模式分类

根据模拟得到的破坏类型曲线及岩体的破坏模式分类,忽略破坏应力的大小,柱状节理岩体在节理倾角 30°时,单轴状态下属于共轭剪切破坏形式,在有围压状态下近似属于共轭剪切破坏,呈现出转动和剪切复合的破坏形式;在节理倾角 45°~75°时,单轴状态下破坏模式近似属于劈裂破坏,在有围压存在情况下又转变为共轭剪切破坏形式;在倾角小于 30°或大于 75°时,不论围压条件均近似表现为剪切破坏形式,反映了柱状节理岩体不同节理倾角条件下破坏曲线形式的规律性。

参考文献

[1] CUNDALL P A, LEMOS J V. Numeric simulation of fault instabilities with a continuously-yielding joint model[C]. Proc 2nd International Symposium on Rockbursts and Seismicity in Mines, Minneapolis, 8 - 10 June, 1988, 147-152.

[2] MCLAMORE R, GRAY K E. The mechanical behavior of anisotropic sedimentary rocks[J]. Journal of Engineering for Industry, 1967, 89 (1): 62-73.

[3] JAEGER J C, COOK N G W. Fundamentals of rock mechanics[M]. London: Chapman and Hall, 1979(3): 112.

[4] SINGH M, RAO K, RAMAMURTHY T. Strength and deformational behavior of a jointed rock mass[J]. Rock Mechanics and Rock Engineering, 2002, 35: 45-64.

第 5 章

柱状节理岩体颗粒离散元模拟

5.1　颗粒离散元

5.1.1　颗粒流方法简介

颗粒流方法也可称为颗粒离散元法,属于离散元方法的一种。最早是由 Cundall 博士[1]于 1979 年提出的。该方法是将模拟介质离散为一系列相互独立运动的圆形或球形颗粒,通过颗粒间相互作用来模拟介质的宏观力学行为。随着颗粒流方法的发展,它也可以用来模拟复杂形状颗粒的力学特性,而通常情况下不规则形状颗粒是通过采用多个圆形或球形颗粒组合起来模拟的。

颗粒流方法在分析问题时满足以下几个基本假定[2-3]:

(1) 颗粒被简化为圆形或球形的刚性体,在模拟中颗粒自身不发生破坏;

(2) 颗粒间接触发生在很小的范围内,属于点接触;

(3) 颗粒间接触为柔性接触,允许颗粒在接触处存在一定的"重叠"量,且"重叠"量的大小与接触力相关;

(4) 颗粒间"重叠"量的大小与颗粒大小相比很小;

(5) 颗粒间接触可以建立特定的黏结特性。

5.1.2　颗粒流方法计算原理

利用连续介质力学分析方法求解问题时,除了要满足初始条件和边界条件之外,仍需满足以下三个控制方程:本构方程、几何方程和平衡方程。其中,本构方程也称物理方程,它用来描述介质应力与应变间的关系;几何方程也称变形协调方程,它用来保证介质变形的一致性和连续性;平衡方程是用来保证介质受力平衡。而对于颗粒流非连续介质分析方法来说,由于模拟介质的单元为离散的颗粒,故其不受变形协调的约束,但颗粒的运动需满足平衡方程(即牛顿第二定律),同时颗粒间的相互作用也受物理方程支配,它描述了颗粒间接触力与位移的关系,而这种关系既可以是线性的也可以是非线性的。总的来说,颗粒流方法只需满足物理方程(力-位移定律)和平衡方程。

对颗粒流方法而言,它是以力-位移定律和牛顿第二定律为基本原理,在整个分析过程中,通过循环交替利用力-位移定律和牛顿第二定律来更新颗粒间的接触力及颗粒位置,从而模拟复杂系统中颗粒的运动及相互作用过程。颗粒流方法计算原理如图 5.1 所示。

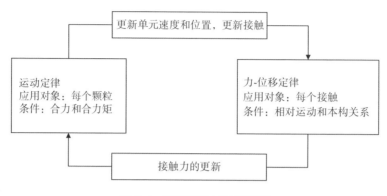

图 5.1　颗粒离散元计算原理

5.1.3　颗粒流方法的基本控制方程

（1）物理方程

物理方程也称力-位移法则或力-位移定律，它用来描述相互接触的颗粒单元间接触力与相对位移的关系。颗粒流模型中提供了两种基本类型的单元：颗粒单元（ball）和墙体单元（wall）。其中，颗粒单元在二维情况下为圆盘，在三维情况下为球体；墙体单元在二维情况下为线段，在三维情况下为三角形面或四边形面。在计算分析过程中，只考虑"颗粒-颗粒"和"颗粒-墙体"这两种颗粒接触类型，如图 5.2 所示，而"墙体-墙体"接触类型是不被考虑的。

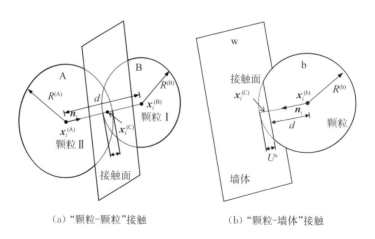

（a）"颗粒-颗粒"接触　　　　（b）"颗粒-墙体"接触

图 5.2　颗粒单元接触类型

如图 5.2 所示,当两个颗粒单元发生接触,在这两个颗粒单元之间会存在一个接触点和接触面。其中,接触点的位置用 $x_i^{(C)}$ 表示,接触面穿过接触点,其单位法向量表示为 n_i。对于不同类型的接触,接触点的位置和接触面方位不同。如图 5.2(a)所示,对于"颗粒-颗粒"接触类型而言,接触面单位法向量 n_i 定义为两个接触颗粒的中心连线方向。假设两个接触的颗粒为 A 和 B,则 n_i 可以按式(5.1)计算:

$$n_i = \frac{x_i^{(B)} - x_i^{(A)}}{d} \tag{5.1}$$

式中,$x_i^{(A)}$ 和 $x_i^{(B)}$ 分别为颗粒 A 与 B 的中心位置向量;d 为两个颗粒中心的距离。

d 可以表示为:

$$d = |x_i^{(B)} - x_i^{(A)}| = \sqrt{(x_i^{(B)} - x_i^{(A)})(x_i^{(B)} - x_i^{(A)})} \tag{5.2}$$

如图 5.2(b)所示,对于"颗粒-墙体"接触类型而言,接触面单位法向量 n_i 为颗粒中心到墙体最短距离的直线方向,通过映射颗粒中心到墙体上来确定。

当两个颗粒单元发生接触,彼此间存在一定的重叠量,用 U^n 表示,它可根据式(5.3)确定:

$$U^n = \begin{cases} R^{(A)} + R^{(B)} - d, & (颗粒-颗粒) \\ R^{(B)} - d, & (颗粒-墙体) \end{cases} \tag{5.3}$$

式中,$R^{(i)}$ 为颗粒 i 的半径。

根据颗粒单元间的重叠量,计算颗粒单元间接触点的位置,其计算公式为:

$$x_i^{(C)} = \begin{cases} x_i^{(A)} + (R^{(A)} - \frac{1}{2}U^n)n_i, & (颗粒-颗粒) \\ x_i^{(B)} + (R^{(B)} - \frac{1}{2}U^n)n_i, & (颗粒-墙体) \end{cases} \tag{5.4}$$

当两颗粒单元发生接触后,假定颗粒间接触力为 F_i,可将其分解为法向分量 F_i^n 和切向分量 F_i^s 两部分,其计算公式为

$$F_i = F_i^n + F_i^s \tag{5.5}$$

式中,法向分量 F_i^n 可按全量公式得到,其计算公式为:

$$F_i^n = K^n U^n n_i \tag{5.6}$$

式中，K^n 为法向割线刚度，其可将颗粒间的重叠量与法向接触力联系起来。

切向分量 F_i^s 可按增量型式计算获得。当新接触建立后，先将切向接触力 F_i^s 初始化为 0，此后根据每一时步切向位移增量 ΔU_i^s 计算切向接触力增量 ΔF_i^s，然后将它与当前切向接触力叠加得到新的切向接触力。切向接触力增量 ΔF_i^s 可由式（5.7）计算：

$$\Delta F_i^s = -k^s \Delta U_i^s \tag{5.7}$$

式中，k^s 为接触切向刚度，其将切向接触力增量与切向位移增量联系起来。

在每一时步内，由于接触位置的变化需要对 $x_i^{(C)}$ $y_i^{(C)}$ 和 n_i 重新进行计算，相应地也需要对切向接触力 F_i^s 进行更新。由于切向接触力 F_i^s 为一个全局坐标向量，可通过两个旋转计算得到，一个是新老接触平面交线，另一个是新的法线方向。

第一个旋转公式为：

$$(F_i^s)_{\text{rot},1} = F_j^s (\boldsymbol{\delta}_{ij} - e_{ijk} e_{kmn} n_m^{\text{old}} n_n) \tag{5.8}$$

式中，n_m^{old} 为上一时步的接触面单位法向量。

第二个旋转公式为：

$$(F_i^s)_{\text{rot},2} = (F_j^s)_{\text{rot},1} [\boldsymbol{\delta}_{ij} - e_{ijk} (\boldsymbol{\omega}_k) \Delta t] \tag{5.9}$$

式中，$\boldsymbol{\omega}_k$ 是两个接触颗粒单元在新的法向方向的平均角速度.

$$\boldsymbol{\omega}_k = \frac{1}{2} [\boldsymbol{\omega}_i^{(\Phi^1)} + \boldsymbol{\omega}_i^{(\Phi^2)}] n_j \tag{5.10}$$

式中，$\boldsymbol{\omega}_i^{(\Phi^j)}$ 为 Φ^j 颗粒单元的转动速度。

每一时步新的切向接触力由上一时步经旋转后的切向接触力与当前时步切向接触力增量相加获得，其计算公式为：

$$F_i^s = (F_j^s)_{\text{rot},2} + \Delta F_i^s \tag{5.11}$$

每一时步计算结束后，接触力 F_i 在接触颗粒单元上分配的合力与合力矩为：

$$\begin{cases} \boldsymbol{F}_i^{(\varPhi^1)} \leftarrow \boldsymbol{F}_i^{(\varPhi^1)} - \boldsymbol{F}_i \\ \boldsymbol{F}_i^{(\varPhi^2)} \leftarrow \boldsymbol{F}_i^{(\varPhi^2)} + \boldsymbol{F}_i \\ \boldsymbol{M}_i^{(\varPhi^1)} \leftarrow \boldsymbol{M}_i^{(\varPhi^1)} - \boldsymbol{e}_{ijk} (\boldsymbol{x}_j^{(\varPhi^1)}) \boldsymbol{F}_k \\ \boldsymbol{M}_i^{(\varPhi^2)} \leftarrow \boldsymbol{M}_i^{(\varPhi^2)} - \boldsymbol{e}_{ijk} (x_j^{(\varPhi^2)}) \boldsymbol{F} \end{cases} \tag{5.12}$$

式中，$\boldsymbol{F}_i^{(\varPhi^j)}$ 为颗粒单元 $\varPhi^j$ 的合力；$\boldsymbol{M}_i^{(\varPhi^j)}$ 为颗粒单元 $\varPhi^j$ 的合力矩。

（2）运动方程

运动方程是描述颗粒在不平衡合力和合力矩作用下的运动过程。刚性颗粒运动包括平动和转动。根据上述力-位移法则可以计算出作用于颗粒上的合力和合力矩，然后由运动方程可以计算出颗粒的加速度和角加速度，进而可以得到颗粒的速度和角速度。

运动方程可以用两组向量方程来表示：一组是描述合力与平移运动的关系，公式可以写成：

$$\boldsymbol{F}_i = m(\ddot{\boldsymbol{x}} - \boldsymbol{g}_i) \tag{5.13}$$

式中，$\boldsymbol{F}_i$ 为作用于颗粒上的合力；m 为颗粒质量；$\boldsymbol{g}_i$ 为颗粒的体积力加速度。

另一组是描述合力矩与转动运动的关系，公式可以写成：

$$\boldsymbol{M}_i = \dot{\boldsymbol{H}}_i \tag{5.14}$$

式中，$\boldsymbol{M}_i$ 为作用于颗粒上的合力矩；$\dot{\boldsymbol{H}}_i$ 为颗粒的角动量。

在三维情况下，式（5.14）在惯性主轴局部坐标下可以展开，公式可以写成：

$$\begin{cases} \boldsymbol{M}_1 = I_1 \dot{\boldsymbol{\omega}}_1 + (I_3 - I_2) \boldsymbol{\omega}_3 \boldsymbol{\omega}_2 \\ \boldsymbol{M}_2 = I_2 \dot{\boldsymbol{\omega}}_2 + (I_1 - I_3) \boldsymbol{\omega}_1 \boldsymbol{\omega}_3 \\ \boldsymbol{M}_3 = I_3 \dot{\boldsymbol{\omega}}_3 + (I_2 - I_1) \boldsymbol{\omega}_2 \boldsymbol{\omega}_1 \end{cases} \tag{5.15}$$

式中，I_1，I_2，I_3 为颗粒在三个主轴方向上的惯性矩；$\dot{\boldsymbol{\omega}}_1$，$\dot{\boldsymbol{\omega}}_2$，$\dot{\boldsymbol{\omega}}_3$ 为颗粒绕三个主轴的角加速度；$\boldsymbol{M}_1$，$\boldsymbol{M}_2$，$\boldsymbol{M}_3$ 为三个主轴的不平衡力矩。

在三维情况下，颗粒流模型中颗粒单元为球体，且颗粒质量均匀分布，其在任意三个主轴方向的惯性矩均相等，这样式（5.15）可以简化，公式可以写成：

$$\boldsymbol{M}_i = \frac{2}{5} m R^2 \dot{\boldsymbol{\omega}}_i \tag{5.16}$$

运动方程式(5.8)和式(5.9),可通过中心有限差分格式进行积分求解。在求解过程中,$\dot{\boldsymbol{x}}_i$ 和 $\boldsymbol{\omega}_i$ 按每一时步中间时刻 $t+\Delta t/2$ 的值进行计算,变量 $\boldsymbol{x}_i$、$\ddot{\boldsymbol{x}}_i$、$\dot{\boldsymbol{\omega}}_i$、$\boldsymbol{F}_i$ 和 M_i 按每一时步初始时刻 t 的值进行计算。假设在 t 时刻的一个时步 Δt 内,颗粒的加速度 $\ddot{\boldsymbol{x}}_i^{(t)}$ 和角速度 $\dot{\boldsymbol{\omega}}_i^{(t)}$ 可按式(5.17)计算:

$$\ddot{\boldsymbol{x}}_i^{(t)} = \frac{1}{\Delta t}\left[\dot{\boldsymbol{x}}_i^{\left(t+\frac{\Delta t}{2}\right)} \dot{\boldsymbol{x}}_i^{\left(t-\frac{\Delta t}{2}\right)}\right]$$

$$\dot{\boldsymbol{\omega}}_i^{(t)} = \frac{1}{\Delta t}\left[\boldsymbol{\omega}_i^{\left(t+\frac{\Delta t}{2}\right)} - \boldsymbol{\omega}_i^{\left(t-\frac{\Delta t}{2}\right)}\right] \tag{5.17}$$

将式(5.17)中 $\ddot{\boldsymbol{x}}_i^{(t)}$ 和 $\dot{\boldsymbol{\omega}}_i^{(t)}$ 代入式(5.13)和式(5.14)中,可以得到颗粒在 $t+\Delta t/2$ 时刻下的速度和角速度:

$$\dot{\boldsymbol{x}}_i^{\left(t+\frac{\Delta t}{2}\right)} = \dot{\boldsymbol{x}}_i^{\left(t-\frac{\Delta t}{2}\right)} + \left[\frac{\boldsymbol{F}_i^{(t)}}{m_i} + \boldsymbol{g}_i\right]\Delta t$$

$$\boldsymbol{\omega}_i^{\left(t+\frac{\Delta t}{2}\right)} = \boldsymbol{\omega}_i^{\left(t-\frac{\Delta t}{2}\right)} + \left[\frac{\boldsymbol{M}_i^{(t)}}{I}\right]\Delta t \tag{5.18}$$

最后,由式(5.18)计算出的速度可以更新颗粒的位置,公式可以写成:

$$\boldsymbol{x}_i^{(t+\Delta t)} = \boldsymbol{x}_i^{(t)} + \boldsymbol{x}_i^{\left(t+\frac{\Delta t}{2}\right)}\Delta t \tag{5.19}$$

运动方程在每一时步迭代过程可以概括为:由当前时步已知的 $\dot{\boldsymbol{x}}_i^{(t-\Delta t/2)}$、$\boldsymbol{\omega}_i^{(t-\Delta t/2)}$、$\boldsymbol{F}_i^{(t)}$、$\boldsymbol{M}_i^{(t)}$ 利用式(5.18)求得 $\dot{\boldsymbol{x}}_i^{(t+\Delta t/2)}$ 和 $\boldsymbol{\omega}_i^{(t+\Delta t/2)}$,然后由式(5.19)求得 $\boldsymbol{x}_i^{(t+\Delta t)}$,最后由力-位移法则求得下一个时步 $\boldsymbol{F}_i^{(t+\Delta t)}$ 和 $\boldsymbol{M}_i^{(t+\Delta t)}$。

5.2 颗粒离散元本构模型

从细观角度来说,介质宏观力学行为是离散颗粒彼此间相互作用的外在整体表现,颗粒间相互作用可由细观接触本构模型来定量描述。在颗粒流模型中,颗粒间细观接触本构模型有:接触刚度模型、滑动模型和黏结模型。

5.2.1 接触刚度模型

接触刚度模型描述了接触颗粒单元在法向和切向上接触力与相对位移间

的关系。在法向上,该模型利用法向接触刚度将总法向接触力和总法向位移联系起来,而在切向上,其采用切向接触刚度将切向接触力增量和切向位移增量联系起来。接触刚度模型用公式可以表示为:

$$\begin{cases} \boldsymbol{F}_i^n = K^n \boldsymbol{U}_i^n \\ \Delta \boldsymbol{F}_i^s = k^s \Delta \boldsymbol{U}_i^s \end{cases} \tag{5.20}$$

式中,$\boldsymbol{F}_i^n$ 为总法向接触力;K^n 为法向割线接触刚度;$\boldsymbol{U}_i^n$ 为总法向位移;$\Delta \boldsymbol{F}_i^s$ 为剪切应力增量;k^s 为切向接触刚度;$\Delta \boldsymbol{U}_i^s$ 为剪切位移增量。

颗粒流模型中的接触刚度模型有两种类型:线性接触刚度模型及非线性接触刚度模型。对于岩土介质而言,常选用线性接触刚度模型来模拟颗粒间接触作用,故研究选用线性接触刚度模型作为颗粒间接触力计算模型。线性刚度模型假定两个接触颗粒单元刚度相互串联在一起共同作用,法向割线接触刚度 K^n 和切向接触刚度 k^s 分别由式(5.21)、式(5.22)计算得到:

$$K^n = \frac{k_n^{(A)} k_n^{(B)}}{k_n^{(A)} + k_n^{(B)}} \tag{5.21}$$

$$k^s = \frac{k_s^{(A)} k_s^{(B)}}{k_s^{(A)} + k_s^{(B)}} \tag{5.22}$$

式中,$k_n^{(A)}$ 和 $k_s^{(A)}$ 及 $k_n^{(B)}$ 和 $k_s^{(B)}$ 分别为两个接触实体 A 和 B 的法向和切向接触刚度。

对于线性接触模型,法向切线接触刚度 k^n 与法向割线接触刚度 K^n 相等,其计算公式为:

$$k^n = \frac{\mathrm{d}\boldsymbol{F}^n}{\mathrm{d}\boldsymbol{U}^n} = \frac{\mathrm{d}(K^n \boldsymbol{F}^n)}{\mathrm{d}\boldsymbol{U}^n} = K^n \tag{5.23}$$

若介质泊松比为 υ,法向刚度和切向刚度之比为 η,其计算公式为:

$$\eta = \frac{k_n}{k_s} = \frac{2(1-\upsilon)}{1-2\upsilon} \tag{5.24}$$

5.2.2 滑动模型

滑动模型规定了接触颗粒间法向和切向接触力之间的关系,其用来限定两个接触颗粒单元发生相对滑动的条件。在颗粒流中,它是通过限定切向接触力的值来允许颗粒发生滑动。当两个颗粒单元发生接触时，在每一步计算迭代过程中，通过对比两颗粒间切向接触力 F_i^s 与颗粒间允许承受的最大切向接触力 $F_{\max}^s$ 之间的大小关系，判断两接触颗粒是否发生滑动。若颗粒间的切向接触力超过颗粒间允许承受的最大切向接触力，滑动模型允许两个接触的颗粒发生相对滑动，并认为颗粒间切向接触力是颗粒间允许承受的最大切向接触力。滑动模型用公式可以描述为：

$$F_i^s = \begin{cases} F_i^s, F_i^s \leqslant F_{\max}^s \\ F_{\max}^s, F_i^s > F_{\max}^s \end{cases} \tag{5.25}$$

式中，F_i^s 为切向接触力；$F_{\max}^s$ 为颗粒间允许承受的最大切向接触力。

$F_{\max}^s$ 可以按式(5.26)进行计算：

$$F_{\max}^n = \mu \mid F_i^n \mid \tag{5.26}$$

式中，μ 为颗粒滑动摩擦系数。

若两个接触颗粒 A 和 B 的滑动摩擦系数分别为 $\mu^{(A)}$ 和 $\mu^{(B)}$。

μ 按式(5.27)确定：

$$\mu = \min(\mu^{(A)}, \mu^{(B)}) \tag{5.27}$$

5.2.3 黏结模型

颗粒流中常常利用黏结模型来模拟介质颗粒间的黏结特性，提供了两种内置的黏结模型：接触黏结模型和平行黏结模型。两者主要区别在于，接触黏结模型是假定黏结只存在于接触位置很小范围内且只能传递力，而平行黏结模型是假定黏结存在于接触位置有限的范围内且可以同时传递力和力矩。在颗粒流中黏结模型只适用于颗粒单元之间，而不适用于颗粒与墙单元之间。

（1）接触黏结模型

如图 5.3(a)所示，接触黏结是通过在接触点上设置一个具有法向和切向常刚度的弹簧来表示，属于点接触类型，故黏结无法阻止两个接触颗粒发生相对转动，只能承受有限的拉应力和剪应力。当拉应力或剪应力超过黏结强度时，黏结发生破坏，此时滑动模型才会起作用。接触黏结模型包括两个参数：法向黏结强度 F_n^b 和切向黏结强度 F_s^b。

（2）平行黏结模型

如图 5.3(b)所示,平行黏结是通过在接触面上设置一组平行分布的具有法向和切向常刚度的弹簧组合来表示,属于面接触类型。当两接触颗粒发生相对转动时,在黏结处会引起力和弯矩。当黏结边界上最大的法向或切向应力超过相应黏结强度时,平行黏结发生破坏。

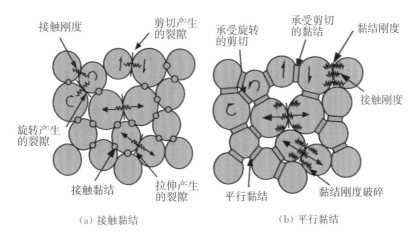

图 5.3　接触黏结与平行黏结模型示意图

（3）光滑节理模型

利用平行黏结模型可以对完整岩石的力学行为进行模拟,但是却不能很好地反映岩体的非连续特性,而天然岩体存在许多诸如节理等的不连续结构面,Kulatilake 等通过降低节理面上颗粒的黏结强度及刚度来模拟岩体中的节理,但是这种方法存在一些问题,比如这种节理模型往往由于颗粒的粗糙度过大或者颠簸效应而影响模拟效果,虽然可以通过引入小颗粒减少粗糙度来表征软弱带以模拟节理,但是如果岩体中存在许多节理时,其模拟的工作量是相当大的。为克服这些问题,Cundall 提出了光滑节理模型(smooth joint model, SJM)的概念,通过引入 SJM 模拟了复杂节理岩体的力学行为。

光滑节理模型可以模拟节理的力学行为而无需考虑颗粒接触的方向,通过将节理两侧所有颗粒间的接触设置为光滑节理模型,可以用它来模拟有摩擦或者黏结作用的节理。如图 5.4 所示,节理接触部位是光滑的,因此被设置为光滑节理接触的颗粒可以相互覆盖或是"滑过"对方,而不是在力的作用下一个颗粒绕着另外一个颗粒转动。光滑节理模型包含 2 个平行且最初重合的平面(面

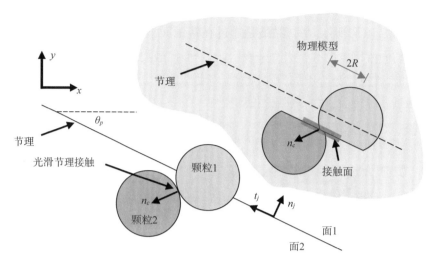

图 5.4　光滑节理模型示意图

1 和面 2),2 个接触颗粒(球 1 和球 2)分别属于 2 个平面。光滑节理模型相关的细观参数,如表 5.1 所示。

表 5.1　SJM 细观参数

符号参数	含义
θ_p	节理倾角
$\overline{k_n} \& \overline{k_s}$	节理法向与切向刚度
$\overline{\lambda}$	半径扩大系数
μ	剪胀角
Ψ	黏结状态
M	黏结状态 $\begin{cases} 0,\text{无黏结且从不破坏} \\ 1,\text{无黏结且张拉破坏} \\ 2,\text{无黏结且剪切破坏} \\ 3,\text{黏结} \end{cases}$
σ_c	节理法向黏结强度
c_b	黏结系统黏聚力
φ_b	黏结系统内摩擦角

5.3 柱状节理岩体颗粒离散元建模

5.3.1 DFN 生成

本试验采用颗粒流分析软件的 DFN 来模拟岩体的节理,生成一个均匀的立方体模型,颗粒之间采用 Linear Pbond 模型来模拟岩块的力学行为,如图 5.5(a)所示。为准确描述岩体的节理形态,研究开发了柱状节理界面程序,采用 Polygon 数据格式,生成可以直接导入颗粒流分析软件程序的几何文件,生成不同倾角的 Geometry,如图 5.5 所示。

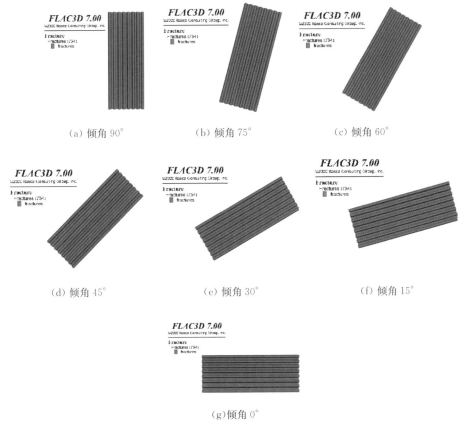

(a) 倾角 90°　　　　(b) 倾角 75°　　　　(c) 倾角 60°

(d) 倾角 45°　　　　(e) 倾角 30°　　　　(f) 倾角 15°

(g)倾角 0°

图 5.5　柱状节理岩体试样的建模过程

生成均匀分布的球颗粒模型如图 5.6(a)所示,将 Geometry 以 Fracture 的形式导入完整岩石模型中,如图 5.6(b)所示,采用 Smooth Joint 模型模拟岩体节理力学行为,最终得到的节理岩体模型的力链模型显示如图 5.6(c)所示。

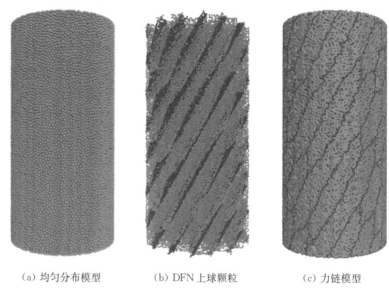

(a) 均匀分布模型　　　　　(b) DFN 上球颗粒　　　　　(c) 力链模型

图 5.6　节理岩体试样的建模过程

5.3.2　柱状节理岩体建模实例

　　根据上述柱状节理岩体中离散裂隙网络的生成方法,结合柱状节理岩体的基本结构特性,提取柱状节理岩体的结构面,通过颗粒流分析软件自带的节理面安装程序将与节理面相交的模型改为光滑节理模型,颗粒模型如图 5.7(a)~(g)所示。针对颗粒模型,建立颗粒之间的力链关系,力链分布如图 5.7(h)~(n)所示。

(a)　　　(b)　　　(c)　　　(d)　　　(e)　　　(f)　　　(g)

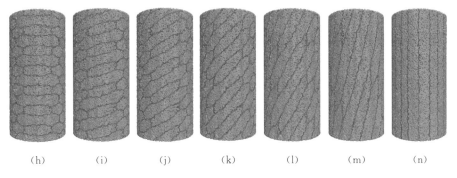

(h)   (i)   (j)   (k)   (l)   (m)   (n)

图 5.7　柱状节理岩体试样的建模实例

离散元的参数受颗粒的大小、孔隙率等因素的影响,当采用三维模型来模拟真实节理岩体的单轴和三轴试验时,由于颗粒尺寸发生了变化,因此需要重新标定岩块和节理面的力学参数。本数值试验中完整岩石的力学行为采用颗粒流分析软件中自带的 Linear Pbond 来模拟,节理面的力学行为通过 Smooth Joint 模型来模拟,具体参数根据试验材料结果结合单轴和三轴试验来标定模型参数。

5.4　基于颗粒离散元的力学特性模拟

5.4.1　节理岩体试样制备围压伺服

为生成较为均匀的节理岩体试样,生成两个墙体作为加载板,采用颗粒流分析软件 3D 自带的命令生成重叠的球颗粒,然后将球缩小为原来的 1/10,迭代 100 次后再逐步放大迭代,从而获得均匀分布的球颗粒。采用线性模型不考虑球颗粒之间的摩擦,伺服到指定的围压状态(如图 5.8)。

将接触模型改为嵌入生成的节理面几何模型,采用 fracture contact－model 命令生成 Smooth Joint 模型,采用 sj_setforce 方法把接触力转化为节理面上的接触力。

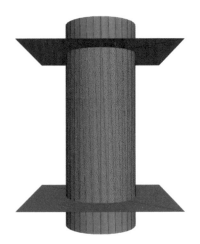

图 5.8　柱状节理岩体试样伺服示意图

由于节理面 smooth joint 模型的加入,该模型无法保持原来的围压,需要重新伺服,伺服曲线如图 5.9 所示,由此可见采用 sj_setforce 方法可以较快地伺服到指定的应力状态。与采用传统的直接方法相比,伺服速度快,并且克服了传统伺服方法在伺服过程中导致节理面破坏的情况。

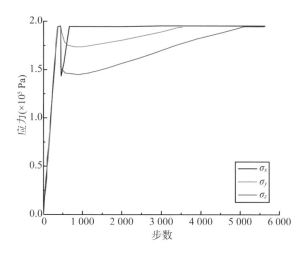

图 5.9 柱状节理岩体试验试样制备过程曲线

5.4.2 单轴试验模拟

本节结合柱状节理岩体模拟技术,对 Z 正向和负向的加载板施加一个不同方向的速度,使得岩体处于受压状态,编写 Fish 函数每隔 1‰ 的应变输出一次结果,最终得到颗粒变形和破坏裂纹如图 5.10 所示。

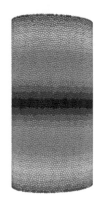　　

(a) 1‰ 应变颗粒位移　　　　(b) 1‰ 应变节理岩体裂纹分布

(c) 2‰应变颗粒位移　　　　(d) 2‰应变节理岩体裂纹分布

(e) 3‰应变颗粒位移　　　　(f) 3‰应变节理岩体裂纹分布

(g) 4‰应变颗粒位移　　　　(h) 4‰应变节理岩体裂纹分布

(i) 1‰应变颗粒位移   (j) 1‰应变节理岩体裂纹分布

图 5.10   柱状节理岩体颗粒位移与裂纹分布图

由此可见随着加载应变的增加，节理岩体内部的裂纹数目逐渐增加，裂纹主要分布在节理面上。当节理岩体的应变在 2‰以下时，裂纹逐渐产生，但是尚未贯通，当应变为 3‰以上时裂纹逐渐贯通。节理岩体的应力应变和裂纹数量应变曲线如图 5.11 所示。

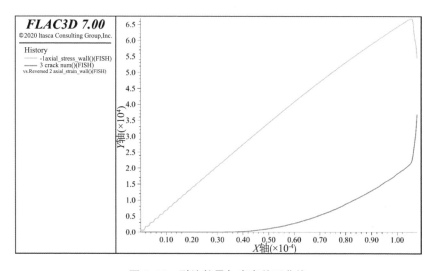

图 5.11   裂纹数量与应变关系曲线

根据应力应变关系曲线和裂纹数量应变关系曲线(图 5.11)可以看到节理岩体的单轴模拟曲线与实验曲线类似，可以较好地模拟节理岩体的三轴应力应变关系。

参考文献

［1］ CUNDALL P A，STRACK O D L. A discrete numerical model for granular assemblies[J]. Géotechnique，1980，30(3)：331-336.

［2］ GROUP I C. 颗粒流分析软件 3D (Particle Flow Code in 3 Dimensions) (Version 3. 1)[J]. International Journal of Rock Mechanics & Mining Sciences//Minneapolis：Itasca Consulting Group Inc. ,1999.

［3］ GROUP I C. 颗粒流分析软件 2D (Particle Flow Code in 2 Dimensions) (Version 3. 1)[J]. Journal of Mountain Science //Minneapolis：Itasca Consulting Group Inc. ,2004.

第6章

柱状节理岩体内聚力单元模拟

6.1　内聚力单元理论

6.1.1　内聚力单元基本结构

对比不同数值方法,采用内聚力单元是一种较好的模拟节理岩体的计算方法。与常规有限元单元不同,内聚力单元可以视为一种特殊的没有应力和应变属性单元,适用于模拟相邻两种物体之间的相互作用。因此,内聚力单元与常规有限元单元相比,一般厚度比较薄,甚至可以设置为零厚度。由于内聚力单元不包含任何材料属性,所以没有实体单元类似的应力张量和应变张量。此外,内聚力单元在网格结构上与常规有限元单元不同,内聚力单元一般节点数量为偶数,用于连接两个相邻的实体。常见的二维、三维内聚力单元如图6.1所示。

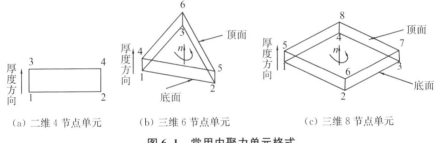

（a）二维 4 节点单元　　（b）三维 6 节点单元　　（c）三维 8 节点单元

图 6.1　常用内聚力单元格式

内聚力单元既可以是有一定厚度的薄层单元,也可以是零厚度的。常见的二维内聚力单元一般由 4 个点组成,三维内聚力单元一般由 6 个点或者 8 个点组成。其中,6 节点内聚力单元主要用于四面体单元的相互作用,8 节点单元主要用于六面体单元的相互作用。根据实体单元的实际情况,如果实体单元为高阶单元,如二阶单元,则相应的内聚力单元节点数目也可以增加,如 12 点内聚力单元或者 16 点内聚力单元。本章研究节理岩体的力学特性,实体模型采用较为简单的四面体单元,因此选用零厚度的 6 节点内聚力单元研究岩体节理的力学行为。

6.1.2　内聚力单元计算原理

内聚力单元在计算中作为一种特殊的单元出现,最早适用于金属等延性材料中的黏结裂缝模型[1-2]。其后,内聚力单元法经过改进并用于岩石、混凝土等脆性材料的模拟[3]。基于有限单元法的节理岩体模拟如图 6.2 所示,结合能量守恒原理建立考虑黏结的有限单元的弱解形式如下:

$$
\begin{cases}
\delta \boldsymbol{W}^{\text{ext}} = \delta \boldsymbol{W}^{\text{int}} + \delta \boldsymbol{W}^{\text{coh}} \\
\delta \boldsymbol{W}^{\text{int}} = \int_{\Omega} \nabla^{\text{s}} \delta \boldsymbol{u} \sigma \, \mathrm{d}\Omega \\
\delta \boldsymbol{W}^{\text{ext}} = \int_{\Omega} \delta \boldsymbol{u} \cdot \boldsymbol{b} \, \mathrm{d}\Omega + \int_{\Gamma_t} \delta \boldsymbol{u} \cdot \bar{\boldsymbol{t}} \, \mathrm{d}\Gamma_t \\
\delta \boldsymbol{W}^{\text{coh}} = \int_{\Gamma_d} \delta [\![\boldsymbol{u}]\!] \cdot \boldsymbol{t}^c \, \mathrm{d}\Gamma_d
\end{cases}
\tag{6.1}
$$

式中,$[\![\boldsymbol{u}]\!]$ 为内聚力单元上的位移阶跃。

内聚力单元的位移场可以由上下两个面的相对位移控制,建立以下表达式:

$$
\begin{aligned}
\boldsymbol{u}^+ &= N^{\text{int}} \boldsymbol{u}^+, \boldsymbol{u}^- = N^{\text{int}} \boldsymbol{u}^- \\
[\![\boldsymbol{u}(x)]\!] &= \boldsymbol{u}^+ - \boldsymbol{u}^- = N^{\text{int}}(\boldsymbol{u}^+ - \boldsymbol{u}^-)
\end{aligned}
\tag{6.2}
$$

式中,$\boldsymbol{u}^+$ 为上表面节点位移;$\boldsymbol{u}^-$ 为下表面节点位移;N^{int} 为形函数,与面单元的形函数相同。

结合实体单元的位移场与节点位移的关系:

$$
\boldsymbol{u} = N_I \boldsymbol{u}_I, \delta \boldsymbol{u} = N_I \delta \boldsymbol{u}_I
\tag{6.3}
$$

式中,N_I 为实体单元形函数;$\boldsymbol{u}_I$ 为节点位移。

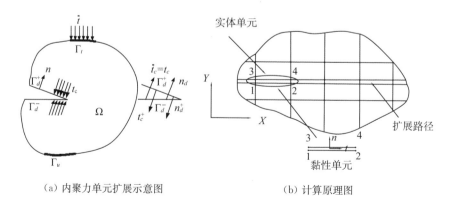

(a) 内聚力单元扩展示意图　　　　　(b) 计算原理图

图 6.2　内聚力单元模拟节理计算原理

结合实体单元和内聚力单元位移表达和有限元的弱解形式,建立如下控制方程:

$$\begin{cases} \boldsymbol{f}^{\text{ext}} = \boldsymbol{f}^{\text{int}} + \boldsymbol{f}^{\text{coh}} \\ \boldsymbol{f}^{\text{ext}} = \int_{\Omega_e} \boldsymbol{B}^{\text{T}} \boldsymbol{\sigma} \, \mathrm{d}\Omega_e \\ \boldsymbol{f}^{\text{int}} = \int_{\Omega_e} \boldsymbol{N}^{\text{T}} \boldsymbol{b} \, \mathrm{d}\Omega_e + \int_{\Gamma_t^e} \boldsymbol{N}^{\text{T}} \bar{\boldsymbol{t}} \, \mathrm{d}\Gamma_t^e \\ \boldsymbol{f}_{ie,+}^{\text{coh}} = \int_{\Gamma_d^e} \boldsymbol{N}^{\text{T}} \bar{\boldsymbol{t}} \, \mathrm{d}\Gamma_d^e \\ \boldsymbol{f}_{ie,-}^{\text{coh}} = -\int_{\Gamma_d^e} \boldsymbol{N}^{\text{T}} \bar{\boldsymbol{t}} \, \mathrm{d}\Gamma_d^e \end{cases} \tag{6.4}$$

式中,$\boldsymbol{f}^{\text{ext}}$,$\boldsymbol{f}^{\text{int}}$ 和 $\boldsymbol{f}^{\text{coh}}$ 分别为外力、内力和黏结力向量;$\boldsymbol{b}$ 为体力;$\bar{\boldsymbol{t}}$ 为面力。

结合实体单元的应力应变关系 $\boldsymbol{\sigma} = \boldsymbol{D}\boldsymbol{\varepsilon}$ 和内聚力单元的牵连-张开法则(traction-separation law,TSL),可以建立完整的有限元求解过程如下:

(1)在指定加载步下接触单元 i 进行循环。

(2)获取内聚力单元的节点编码 inodes。

(3)获取内聚力单元上下表面的自由度 idofsA 和 idofsB。

(4)获取上下表面节点位移 $\boldsymbol{u}^+$ 和 $\boldsymbol{u}^-$。

(5)计算内聚力单元位移牵连 $[\![\boldsymbol{u}]\!] = \boldsymbol{u}^+ - \boldsymbol{u}^-$。

(6)对每个高斯积分点 ip(权重为 w_{ip})进行循环。

①计算积分点上位移牵连 $[\![\boldsymbol{u}]\!]_{ip} = \boldsymbol{N}[\![\boldsymbol{u}]\!]$;

②转换到本地坐标系统 $[\![\boldsymbol{u}]\!]_{ip}^{\text{loc}} = \boldsymbol{Q}[\![\boldsymbol{u}]\!]_{ip}$;

③根据牵连-分离本构关系计算黏结作用 $\boldsymbol{t}_{\text{loc}} = [\boldsymbol{T}][\![\boldsymbol{u}]\!]_{ip}^{\text{loc}}$;

④将本地黏结作用转换到全局坐标下 $\boldsymbol{f}^{\text{coh}} = \boldsymbol{f}^{\text{coh}} + \boldsymbol{N}^{\text{T}}\boldsymbol{Q}\boldsymbol{t}_{\text{loc}}w_{ip}$;

⑤计算更新牵连-分离准则一致刚度矩阵 $\boldsymbol{K}^{\text{coh}} = \boldsymbol{K}^{\text{coh}} + \boldsymbol{N}^{\text{T}}\boldsymbol{Q}\boldsymbol{\Gamma}\boldsymbol{Q}^{\text{T}}\boldsymbol{N}w_{ip}$;

(7)将内聚力单元节点力和刚度矩阵组装到全局体系内,得到刚度矩阵和节点力。

① $\boldsymbol{f}[\text{idofsA}] = \boldsymbol{f}[\text{idofsA}] + \boldsymbol{f}^{\text{coh}}$;

② $\boldsymbol{f}[\text{idofsB}] = \boldsymbol{f}[\text{idofsB}] + \boldsymbol{f}^{\text{coh}}$;

③ $\boldsymbol{K}[\text{idofsA},\text{idofsA}] = \boldsymbol{K}[\text{idofsA},\text{idofsA}] + \boldsymbol{K}^{\text{coh}}$;

④ $\boldsymbol{K}[\text{idofsA},\text{idofsB}] = \boldsymbol{K}[\text{idofsA},\text{idofsB}] + \boldsymbol{K}^{\text{coh}}$;

⑤ $\boldsymbol{K}[\text{idofsB},\text{idofsA}] = \boldsymbol{K}[\text{idofsB},\text{idofsA}] + \boldsymbol{K}^{\text{coh}}$;

⑥ $\boldsymbol{K}[\text{idofsB},\text{idofsB}] = \boldsymbol{K}[\text{idofsB},\text{idofsB}] + \boldsymbol{K}^{\text{coh}}$。

6.1.3　内聚力单元本构模型

内聚力单元本构模型与常规实体单元的本构模型不同,单元属性没有应力和应变。常规实体单元主要研究应力和应变之间的关系,内聚力单元主要研究单元法向和切向作用力与单元变形之间的关系,类似于经过自由度退化的实体单元形式。因此内聚力单元的本构模型可以简化为牵连-张开法则(traction-separation law,TSL)。合理的牵连-张开法则在模拟内聚力单元力学行为中尤为重要,内聚力单元牵连-张开法则主要通过单元的位移来控制。当前内聚力模型在材料损伤之前一般假设线弹性本构,然后单元随材料刚度的退化而逐渐失效。结合试验和理论分析,建立一系列牵连作用和位移变化之间的表达式,如线性软化、双线性软化、多项式软化、梯形和光滑梯形以及指数软化等几种常见的形式,如图6.3所示。这些内聚力模型已经内置于大型商业程序如非线性有限元分析软件、有限元分析软件中,可以一定程度上描述内聚力单元破坏模式下的力学行为。但是这些模型在模拟实际复杂问题时还存在一些不足,主要表现在以下两个方面:

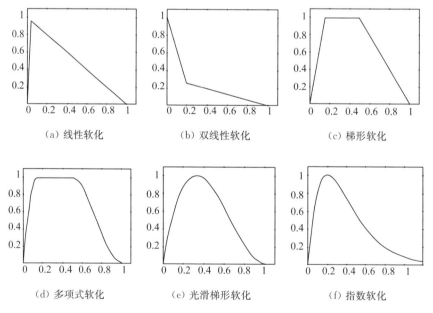

(a) 线性软化　　　　(b) 双线性软化　　　　(c) 梯形软化

(d) 多项式软化　　　(e) 光滑梯形软化　　　(f) 指数软化

图6.3　常见内聚力单元本构模型

(1) 常规内聚力模型主要处理材料在位移为正值情况下的力学行为,没有考虑内聚力单元位移为负值的情况。对于厚度为 0 的内聚力单元受压情况下的错动等问题,需要配合建立新的牵连-张开准则。

（2）常规内聚力模型假定内聚力单元的破坏属于同样一种模式,事实上裂纹的扩展有三种常见的形式如图 6.4 所示,每一种裂纹扩展模式的对应准则不同,采用同一的模型无法反映裂缝扩展的实际情况。尤其是对于内聚力单元在复合裂纹扩展的情况下,无法反映法向和切向参数的耦合特性。

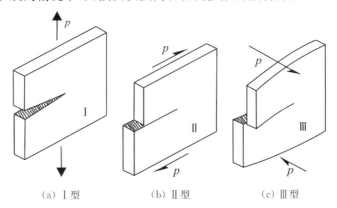

（a）Ⅰ型　　　　　（b）Ⅱ型　　　　　（c）Ⅲ型

图 6.4　裂纹扩展类型示意图

6.2　内聚力单元建模

6.2.1　内聚力单元建模过程

简单模型的内聚力单元生成一般可以借助大型商业有限元程序的前处理来实现,如有限元分析软件和非线性有限元分析软件中都可以在已生成的模型中插入内聚力单元。但是对于柱状节理岩体等复杂裂隙网络模型,很难通过界面操作完成柱状节理岩体中内聚力单元的生成。因此,对于复杂模型,需要深入理解内聚力单元的基本结构,编写相应的程序在原有网格基础上嵌入形成带有内聚力单元的网格模型。

内聚力单元与实体单元不同,内聚力单元一般依赖于实体单元,因此必须首先完成实体单元的剖分,其次在实体单元的基础上在相邻块体之间生成内聚力单元。内聚力单元生成的难点在于内聚力单元两边的节点即使位于同一坐标(对于厚度为 0 的情况)也需要分配不同的节点号,如图 6.5 所示。

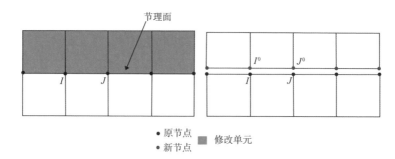

图 6.5　内聚力单元生成原理

结合内聚力单元的特性,在原有网格基础上绘制内聚力单元的示意图,如图 6.6 所示。对于相邻的两个实体模型,沿着相邻的面分开,对一侧的节点重新添加新的节点编号,然后对新的节点和对应的原节点进行重新连接,生成新的内聚力单元。为便于描述模型的生成算法,这里对一些变量进行介绍。

节点:每一个节点具有唯一的节点编号 $i \in \mathbf{N}$ 确定,其坐标为 (x_i, y_i, z_i),记为 $\mathbf{n}_i(x_i, y_i, z_i)$;

面单元:每一个面单元具有唯一的单元编号 $j \in \mathbf{N}$ 确定,由一系列节点组成,三角形单元记为 $\mathbf{T}_j(\mathbf{n}_{j1}, \mathbf{n}_{j2}, \mathbf{n}_{j3})$,四边形单元记为 $\mathbf{T}_j(\mathbf{n}_{j1}, \mathbf{n}_{j2}, \mathbf{n}_{j3}, \mathbf{n}_{j4})$;

实体单元:每一个实体单元具有唯一单元编号 $j \in \mathbf{N}$ 确定,由一系列节点组成,四面体单元记为 $\mathbf{V}_j(\mathbf{n}_{j1}, \mathbf{n}_{j2}, \mathbf{n}_{j3}, \mathbf{n}_{j4})$,六面体单元记为 $\mathbf{V}_j(\mathbf{n}_{j1}, \mathbf{n}_{j2}, \mathbf{n}_{j3}, \mathbf{n}_{j4}, \mathbf{n}_{j5}, \mathbf{n}_{j6}, \mathbf{n}_{j7}, \mathbf{n}_{j8})$;

内聚力单元:每一个内聚力单元具有唯一的单元编号 $j \in \mathbf{N}$ 确定,内聚力单元由两个法线方向相同的面单元组成,记为 $\mathbf{C}_j(\mathbf{T}_{j1}, \mathbf{T}_{j2})$。

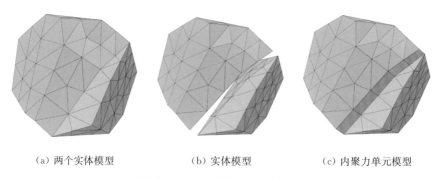

（a）两个实体模型　　　　（b）实体模型　　　　（c）内聚力单元模型

图 6.6　内聚力单元生成示意图

为便于程序化节理单元的建模,在基于 Gmsh 进行网格剖分时做了一些限定,每一个块体分配一个分组编号 $G=1$, $\cdots$, n_g,相邻的接触面剖分为面网格单元,这样省去了寻找公共面的麻烦。内聚力单元生成主要由以下三个步骤完成:

(1) 分拆公共面:由于公共面上的单元已经在 Gmsh 中剖分为面单元,对于每一个节点 $n_i(x_i,y_i,z_i)$ 同时位于两个实体块体 G_1 和 G_2 上,则有 $n_{f(G_1,i)}(x_i,y_i,z_i)$ 和 $n_{f(G_2,i)}(x_i,y_i,z_i)$。为保证每一个节点具有唯一的编码,不失一般性地建立如下映射函数:

$$f:(N,N) \rightarrow N$$
$$f(G_1,i)=f(G_2,j) \Leftrightarrow (G_1,i)=(G_2,j) \tag{6.5}$$

为保证新的添加的节点在同一位置具有唯一的编号,一种最简单的处理方式是把 G_1 位置上的节点编号保持不变,仅仅修改 G_2 节点上的编号,但是考虑到节理面的方向性以及节点数目的调整,操作起来较为不便利,为简单方便和高效地处理节点编码问题和后期内聚力单元的生成,选用如下方程处理这一问题:

$$f(G_{ng},i)=n_g \times n_{tot} + i \tag{6.6}$$

(2) 生成对偶面:根据步骤(1)中分拆公共面算法将原有的节点 $n_i(x_i,y_i,z_i)$ 重新编号为实体 1 上的节点 $n_{f(G_1,i)}(x_i,y_i,z_i)$ 和实体 2 上的节点 $n_{f(G_2,i)}(x_i,y_i,z_i)$。以三角形单元为例,对位于相邻面上的单元 $[T_j(n_{j1}, n_{j2},n_{j3})|\forall j:T_j \in face]$ 内的每一个节点进行重新编号,可以形成两组位于不同实体上的新的三角形面单元:

位于实体 G_1 上 $\{T_{j1}[n_{f(G,j1)},n_{f(G,j2)},n_{f(G,j3)}]|\forall j:T_j \in face\}$;
位于实体 G_2 上 $\{T_{j2}[n_{f(G,j1)},n_{f(G,j2)},n_{f(G,j3)}]|\forall j:T_j \in face\}$。

(3) 内聚力单元生成:通过对公共面上的网格单元按照步骤(1)和(2)进行重新编号,建立新的节点编号系统以及相应的面单元 T_{j1} 和 T_{j2},根据内聚力单元的结构,可以很容易地在原有网格基础上形成内聚力单元 $\{C_j(T_{j1},T_{j2})|\forall j:T_j \in face\}$。需要指出的是根据上述方法生成的节点系统不连续,虽然不影响计算,但是为了网格信息的可读性,对离散节点序列向连续节点序列映射,可以很容易生成节点编号连续的网格信息。

6.2.2 内聚力单元自动生成

结合内聚力单元的基本原理和提出的节理岩体内聚力单元生成算法编写

了节理岩体模型自动化生成程序。该程序的主程序采用计算机编程语言编写，通过调用 Gmsh 完成三维四面体实体单元和三维三节点面单元的生成后，根据面单元与实体单元的拓扑关系，调用上一节的生成思路，开发了节理岩体内聚力单元自动化生成系统。该程序主要包括以下几个部分：

（1）调用 Gmsh 对模型文件进行网格剖分，核心程序如下：

system("gmsh. exe '，fgeo, ' —o"，finp, ' —2")；其中 fgeo 表示模型文件名，finp 表示非线性有限元分析软件中网格信息的文件名。

（2）调用 inp_parse 函数，对 inp 文件进行解析，获取节点信息、体单元信息和面单元信息，以结构体的形式存储。

（3）根据面单元信息，采用上一节所示的算法根据面单元和体单元之间的拓扑关系，将同一节点拆分为两个节点，赋两个节点编号。

（4）根据面单元信息和新的节点系统，在原单元系统的基础上添加新的单元号，生成零厚度内聚力单元。

（5）对原先的节点编号系统按顺序进行重排列，相应地对单元对应的节点编号也要进行调整。

（6）根据非线性有限元分析软件中 inp 文件的书写格式，将内存中的数据文件输出非线性有限元分析软件可以识别的节理岩体数值模型。

基于开发的内聚力单元自动化建模程序展示了内聚力单元在节理岩体中的生成。假定节理岩体由 10 个岩块组成，如图 6.7(a)所示，岩块之间的交界面有 27 个。调用 Gmsh 对实体模型和界面进行剖分，如图 6.7(b)所示，基于开发的节理岩体内聚力单元嵌入程序，生成如图 6.7(c)所示的内聚力单元模型。

6.3   基于内聚力单元的柱状节理岩体模拟

6.3.1   内聚力单元模型

考虑到基于位移控制的牵连-张开法则存在的问题，建立一套可以模拟不同裂纹扩展类型的内聚力本构模型尤为重要。Xu 和 Needleman 最早提出了

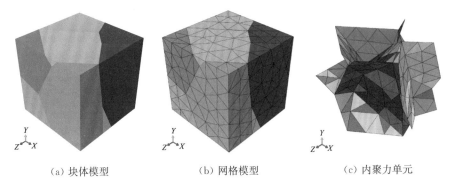

(a) 块体模型　　　　　　(b) 网格模型　　　　　　(c) 内聚力单元

图 6.7　内聚力单元生成示例

基于断裂势能的内聚力单元本构模型,该模型建立内聚力单元在法向和切向变形过程中断裂势能的数学描述,通过势函数对切向和法向变形的求导建立内聚力单元的牵连-张开准则[4]。上述模型后来经过改进用以研究粒子与基体之间的裂纹成形、动态荷载下脆性材料的裂纹快速开裂扩展以及在两相材料界面上的动态裂纹扩展[5]。虽然该模型克服了基于位移控制的牵连-张开准则的一些缺点,但是对于裂纹 I 型断裂能和Ⅱ型断裂能不同的情况无法适用。为此,以佐治亚理工学院 Paulino 为首的研究小组在 Needleman 建立的内聚力单元模型的基础上,提出了一种更加广义的牵连接触模型(PPR potential-based cohesive model)。该模型建立了基于多项式形式的势能函数表达式,克服了上述本构模型中存在的问题,并且可以扩展到考虑摩擦、循环荷载等情况[6]。结合如图 6.8 所示典型内聚力单元变形,Paulino 等提出的内聚力模型中裂纹扩展的势能函数表达式为:

$$\Psi(\Delta_n, \Delta_t) = \min(\phi_n, \phi_t) + \left[\Gamma_n \left(1 - \frac{\Delta_n}{\delta_n} \right)^\alpha \left(\frac{m}{\alpha} + \frac{\Delta_n}{\delta_n} \right)^m + (\phi_n - \phi_t) \right]$$
$$\times \left[\Gamma_t \left(1 - \frac{\Delta_t}{\delta_t} \right)^\alpha \left(\frac{n}{\beta} + \frac{|\Delta_t|}{\delta_t} \right)^m + (\phi_t - \phi_n) \right] \tag{6.7}$$

$$\delta_n = \frac{\phi_n}{\sigma_{\max}} \alpha \lambda_n (1 - \lambda_n)^\alpha \left(\frac{\alpha}{m} + 1 \right) \left(\frac{\alpha}{m} \lambda_n + 1 \right)^{m-1}$$
$$\delta_t = \frac{\phi_t}{\tau_{\max}} \beta \lambda_t (1 - \lambda_t)^\beta \left(\frac{\beta}{n} + 1 \right) \left(\frac{\beta}{n} \lambda_t + 1 \right)^{n-1} \tag{6.8}$$

式中,Δ_n 和 Δ_t 分别为内聚力单元的法向和切向位移;ϕ_n 和 ϕ_t 分别为法向和切向最大断裂能;$\sigma_{\max}$ 和 $\tau_{\max}$ 分别为最大的法向和切向强度;α 和 β 分别为法向和切向形状控制参数；λ_n 和 λ_t 分别为法向和切向初始斜率。

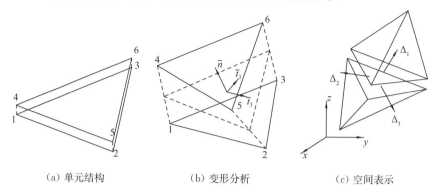

(a) 单元结构   (b) 变形分析   (c) 空间表示

图 6.8   典型内聚力单元变形示意图

由此可见，模型包含 8 个基本参数，通过选择合适的参数可以描述不同类型的内聚力单元本构模型。例如当 $\alpha = \beta$ 时，该模型会退化为线性软化的模式；当 $\alpha,\beta > 2$ 和 $\alpha,\beta < 2$ 时可以形成上凸或者下凹的黏结本构模型。法向和切向初始斜率其物理含义为：裂纹作用力最大时的变形与最终裂纹的变形之间的比例 $\Delta_{\text{peak}}/\Delta_{\text{final}}$。内聚力单元的最大的法向和切向变形（$\delta_n$、$\delta_t$）通过式（6.8）定义。

内聚力单元的牵连-张开本构模型可以通过势函数对变形进行求导获得，对于黏结在法向方向的作用力可以表达为：

$$
\begin{aligned}
\boldsymbol{T}_n(\Delta_n,\Delta_t) &= \frac{\partial \Psi}{\partial \Delta_n} \\
&= \frac{\Gamma_n}{\delta_n}\left[m\left(1-\frac{\Delta_n}{\delta_n}\right)\left(\frac{m}{\alpha}+\frac{\Delta_n}{\delta_n}\right)^{m-1} - \alpha\left(1-\frac{\Delta_n}{\delta_n}\right)^{\alpha-1}\left(\frac{m}{\alpha}+\frac{\Delta_n}{\delta_n}\right)^{m} \right] \\
&\quad \times \left[\Gamma_t\left(1-\frac{|\Delta_t|}{\delta_t}\right)^{\beta}\left(\frac{n}{\beta}+\frac{|\Delta_t|}{\delta_t}\right)^{n} + (\phi_t - \phi_n) \right]
\end{aligned}
\tag{6.9}
$$

同理对于切线方向的变形进行求导可得：

$$
\begin{aligned}
\boldsymbol{T}_t(\Delta_n,\Delta_t) &= \frac{\partial \Psi}{\partial \Delta_t} \\
&= \frac{\Gamma_t}{\delta_t}\left[m\left(1-\frac{|\Delta_t|}{\delta_t}\right)^{\beta}\left(\frac{n}{\beta}+\frac{|\Delta_t|}{\delta_t}\right)^{n-1} - \beta\left(1-\frac{|\Delta_t|}{\delta_t}\right)^{\beta-1}\left(\frac{n}{\beta}+\frac{|\Delta_t|}{\delta_t}\right)^{n} \right] \\
&\quad \times \left[\Gamma_t\left(1-\frac{\Delta_n}{\delta_n}\right)^{\alpha}\left(\frac{m}{\alpha}+\frac{\Delta_n}{\delta_n}\right)^{m} + (\phi_n - \phi_t) \right]\frac{\Delta_t}{|\Delta_t|}
\end{aligned}
$$

$$\tag{6.10}$$

式(6.10)中,当 $\phi_n \neq \phi_t$ 时:

$$\Gamma_n = (-\phi_n)^{(\phi_n-\phi_t)/(\phi_n-\phi_t)}\left(\frac{\alpha}{m}\right)^m, \Gamma_t = (-\phi_t)^{(\phi_t-\phi_n)/(\phi_t-\phi_n)}\left(\frac{\beta}{n}\right)^n;$$

当 $\phi_n = \phi_t$ 时:

$$\Gamma_n = -\phi\left(\frac{\alpha}{m}\right)^m, \Gamma_t = \left(\frac{\beta}{n}\right)^n。$$

结合内聚力单元牵连作用力与单元变形之间的关系,进一步可以通过牵连作用力对变形的求导确定牵连-张开法则,计算可得:

$$D_{nn} = \frac{\partial^2 \Psi}{\partial \Delta_n^2} = \frac{\partial T_n}{\partial \Delta_n}$$

$$= \frac{\Gamma_n}{\delta_n^2}\left[(m^2-m)\left(1-\frac{\Delta_n}{\delta_n}\right)^\alpha\left(\frac{m}{\alpha}+\frac{\Delta_n}{\delta_n}\right)^{m-2} + (\alpha^2-\alpha)\left(1-\frac{\Delta_n}{\delta_n}\right)^{\alpha-2}\left(\frac{m}{\alpha}+\frac{\Delta_n}{\delta_n}\right)^m\right.$$

$$\left. -2\alpha m\left(1-\frac{\Delta_n}{\delta_n}\right)^{\alpha-1}\left(\frac{m}{\alpha}+\frac{\Delta_n}{\delta_n}\right)^{m-1}\right]\left[\Gamma_t\left(1-\frac{|\Delta_t|}{\delta_t}\right)^\beta\left(\frac{n}{\beta}+\frac{|\Delta_t|}{\delta_t}\right)^n + (\phi_t-\phi_n)\right]$$

$$(6.11)$$

$$D_{tt} = \frac{\partial^2 \Psi}{\partial \Delta_t^2} = \frac{\partial T_t}{\partial \Delta_t}$$

$$= \frac{\Gamma_t}{\delta_t^2}\left[(n^2-n)\left(1-\frac{|\Delta_t|}{\delta_t}\right)^\beta\left(\frac{n}{\beta}+\frac{|\Delta_t|}{\delta_t}\right)^{n-2} + (\beta^2-\beta)\left(1-\frac{|\Delta_t|}{\delta_t}\right)^{\alpha-2}\left(\frac{n}{\beta}+\frac{|\Delta_t|}{\delta_t}\right)^n\right.$$

$$\left. -2\beta n\left(1-\frac{|\Delta_t|}{\delta_t}\right)^{\beta-1}\left(\frac{n}{\beta}+\frac{|\Delta_t|}{\delta_t}\right)^{n-1}\right]\left[\Gamma_n\left(1-\frac{\Delta_n}{\delta_n}\right)^\alpha\left(\frac{m}{\alpha}+\frac{\Delta_n}{\delta_n}\right)^n + (\phi_n-\phi_t)\right]$$

$$(6.12)$$

$$D_{nt} = \frac{\partial^2 \Psi}{\partial \Delta_n \partial \Delta_t} = \frac{\partial T_n}{\partial \Delta_t}$$

$$= \frac{\Gamma_n \Gamma_t}{\delta_n \delta_t}\left[m\left(1-\frac{\Delta_n}{\delta_n}\right)^\alpha\left(\frac{m}{\alpha}+\frac{\Delta_n}{\delta_n}\right)^{m-1} - \alpha\left(1-\frac{\Delta_n}{\delta_n}\right)^{\alpha-1}\left(\frac{m}{\alpha}+\frac{\Delta_n}{\delta_n}\right)^m\right]$$

$$\times\left[n\left(1-\frac{|\Delta_t|}{\delta_t}\right)^\beta\left(\frac{n}{\beta}+\frac{|\Delta_t|}{\delta_t}\right)^{n-1} - \beta\left(1-\frac{|\Delta_t|}{\delta_t}\right)^{\beta-1}\left(\frac{n}{\beta}+\frac{|\Delta_t|}{\delta_t}\right)^n\right]\frac{\Delta_t}{|\Delta_t|}$$

$$(6.13)$$

式中, $D_{nt} = D_{tn}, n \neq t$ 。

上述公式将内聚力单元作用力分为切向和法向两组。考虑三维坐标系

下 xyz 内聚力单元的变形,需要将内聚力单元法向和切向的作用力对三个方向进行分解,在 $\overline{nt_2t_3}$ 局部坐标系下建立内聚力单元的节点力和内聚力单元一致刚度矩阵,然后结合局部坐标和空间坐标的转换即可建立内聚力本构模型:

$$
\boldsymbol{D}_{\text{local}} = \left[\boldsymbol{t}_{\text{local}} = \begin{bmatrix} \boldsymbol{T}_n \\ \boldsymbol{T}_t \\ \boldsymbol{T}_t \end{bmatrix} = \begin{bmatrix} \boldsymbol{T}_n \\ \dfrac{\boldsymbol{T}_t \Delta_2}{\Delta_t} \\ \dfrac{\boldsymbol{T}_t \Delta_3}{\Delta_t} \end{bmatrix} \right] \tag{6.14}
$$

$$
\boldsymbol{D}_{\text{local}} = \begin{bmatrix} \boldsymbol{D}_{m} & \dfrac{\boldsymbol{D}_{nt}\Delta_2}{\Delta_t} & \dfrac{\boldsymbol{D}_{nt}\Delta_3}{\Delta_t} \\[3mm] \dfrac{\boldsymbol{D}_{tn}\Delta_2}{\Delta_t} & \dfrac{\boldsymbol{D}_{tt}\Delta_2^2}{\Delta_t^2} + T_t\dfrac{\Delta_3^2}{\Delta_t^3} & \dfrac{\boldsymbol{D}_{tt}\Delta_2\Delta_3}{\Delta_t^2} - \dfrac{T_t\Delta_2\Delta_3}{\Delta_t^3} \\[3mm] \dfrac{\boldsymbol{D}_{tn}\Delta_3}{\Delta_t} & \dfrac{\boldsymbol{D}_{tt}\Delta_2\Delta_3}{\Delta_t^2} - \dfrac{T_t\Delta_2\Delta_3}{\Delta_t^3} & \dfrac{\boldsymbol{D}_{tt}\Delta_3^2}{\Delta_t^2} + \dfrac{T_t\Delta_2^2}{\Delta_t^3} \end{bmatrix} \tag{6.15}
$$

式中,$\Delta_t = \sqrt{(\Delta_2)^2 + (\Delta_3)^2}$。

为更加形象地展示内聚力模型中断裂势能和牵连作用力与法向和切向变形的关系。设定模型参数:$\phi_n = 100\ \text{N/m}, \phi_t = 200\ \text{N/m}, \sigma_{\max} = 40\ \text{MPa}, \tau_{\max} = 30\ \text{MPa}, \alpha = 5, \beta = 1.3, \lambda_n = 0.1, \lambda_t = 0.2$。根据式(6.14)和式(6.15),采用计算机编程语言编写了相关程序,绘制得到相应的内聚力模型的势能及梯度如图6.9 所示。

基于图 6.9 所示的内聚力模型势能及梯度图,可见上述模型当切向变形较大时,即使法向变形为 0,其摩擦力逐渐趋向于 0。由此可见该模型没有考虑裂纹在扩展过程中的摩擦效应。值得一提的是,上述模型没有考虑黏结材料破坏过程中的摩擦效应。Spring 在 Paulino 提出的内聚力黏结模型的基础上,考虑黏结单元破坏过程中的摩擦效应采用罚函数方法改进了上述模型[7]。本章参考该研究成果,在不改变原有 PPR 模型框架的基础上考虑单元的摩擦效应作用,最终建立了考虑摩擦作用力的瞬时内聚力单元本构模型[式(6.16)]:

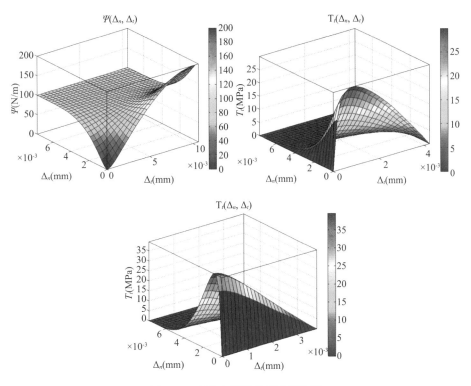

图 6.9　内聚力模型势能及梯度图

$$\boldsymbol{T} = \left\{ \begin{array}{c} \boldsymbol{T}_n \\ \boldsymbol{T}_t \dfrac{\Delta_2}{\Delta_t} + \boldsymbol{T}_F \left(\dfrac{|\Delta_2|}{\Delta_t} \right) \dfrac{\dot{\Delta}_2}{|\dot{\Delta}_2|} \\ \boldsymbol{T}_t \dfrac{\Delta_3}{\Delta_t} + \boldsymbol{T}_F \left(\dfrac{|\Delta_3|}{\Delta_t} \right) \dfrac{\dot{\Delta}_3}{|\dot{\Delta}_3|} \end{array} \right\} \tag{6.16}$$

其中，当 $\boldsymbol{T}_n < 0$ 且 $\Delta_t > \lambda_t \delta_t$ 时，$\boldsymbol{T}_F = \mu \boldsymbol{\kappa}(\Delta_t)|\boldsymbol{T}_n|$，否则 $\boldsymbol{T}_F = 0$，$\dot{\Delta}_2/|\dot{\Delta}_2|$ 和 $\dot{\Delta}_3/|\dot{\Delta}_3|$ 为加卸载方向判断函数。

上述公式中，引入了两个考虑摩擦因素的作用力的参数 μ 和 $\boldsymbol{\kappa}(\Delta_t)$，其中 μ 为摩擦系数，其值可以通过实验测定，$\boldsymbol{\kappa}(\Delta_t)$ 主要考虑黏结单元接触变化的影响（如图 6.10），具体可以表述为：

$$\boldsymbol{\kappa}(\Delta_t) = \left(1 - \dfrac{\boldsymbol{T}_t(0, \Delta_t)}{\boldsymbol{D}_0 \Delta_t} \right)^s \tag{6.17}$$

$$其中，\boldsymbol{D}_0 = \frac{\Gamma_t}{\delta_t}\left[n(1-\lambda_t)^\beta\left(\frac{n}{\beta}+\lambda_t\right)^{n-1} - \beta(1-\lambda_t)^{\beta-1}\left(\frac{n}{\beta}+\lambda_t\right)^n\right] \times$$

$$\left[\Gamma_n\left(\frac{m}{\alpha}\right)^m + (\phi_n - \phi_t)\right]\frac{1}{\lambda_t\delta_t}。$$

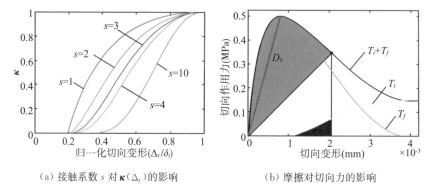

（a）接触系数 s 对 $\kappa(\Delta_t)$ 的影响　　　　（b）摩擦对切向力的影响

图 6.10　摩擦作用对内聚力模型的影响

6.3.2　柱状节理岩体力学试验模拟

本章采用内聚力单元模拟柱状节理岩体模型试验的破坏过程。为模拟柱状节理的力学行为，采用标准六棱柱来模拟柱体，生成了不同角度的柱状节理岩体物理模型。为生成与物理模型一致的数值模型，采用非线性有限元分析软件的计算机程序设计语言脚本开发了不同柱体倾角的柱状节理模型。首先生成一系列不同倾角的柱子，用一个标准岩石试样去切割柱体，如图 6.11(a)所示，然后得到柱状节理岩体块体模型如图 6.11(b)所示，进行网格划分得到实体单元如图 6.11(c)所示。为真实模拟柱体之间和柱体内部的断裂，在每一个实体单元之间嵌入无厚度内聚力单元，然后对岩块之间和岩块内部的内聚力单元进行分组如图 6.11(d)所示，块体之间的内聚力单元如图 6.11(e)所示，在实际模型中柱体之间的内聚力模型参数比柱体内部的参数弱。

采用此方法可以生成不同角度的柱状节理岩体，本章每隔 $15°$ 构建了 $0\sim90°$ 的柱状节理岩体模型，共有 7 组模型。柱状节理岩体物理模型与数值模型的对比如图 6.12 所示，可见建立的数值模型和物理模型具有高度的一致性。

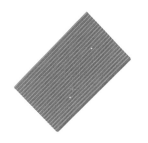  

（a）柱体切割示意图　（b）柱状节理岩体块体模型　（c）柱状节理岩体网格模型

（d）嵌入内聚力单元　（e）不同块体之间的内聚力单元

图 6.11　柱状节理岩体建模

图 6.12　柱状节理岩体物理模型与数值模型对比

以柱体方向为 45°的柱状节理数值模型为例,开展了单轴压缩试验,在模型的上下两侧设置了刚性的加载板,如图 6.13(a)所示,然后设置加载板的速度,研究了从裂纹萌生到岩块分解不同阶段的过程如图 6.13(b)(c)(d)所示。为描述节理力学特性,将节理面单独显示,得到对应岩体破坏的节理面破坏过程,如图 6.13(e)~(h)所示。计算过程中,当节理损伤大于 95%时,将该节理的内聚力单元删除。

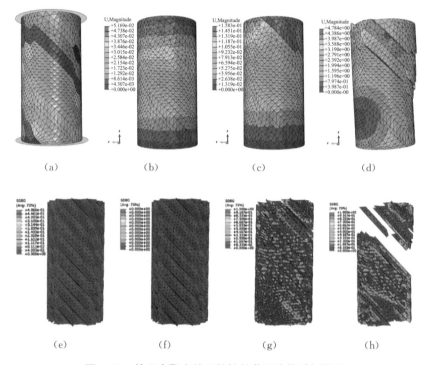

图 6.13   基于内聚力单元的柱状节理岩体破坏模拟

进一步对比不同角度柱状节理岩体物理模型试验和数值试验的破坏如图 6.14 所示。随着柱体从 0°旋转到 90°,加载方向的改变导致了柱状节理岩体的各向异性破坏模式,总体上,单轴试验的破坏模式可分为三类。

垂直于柱体轴线的劈裂破坏:当柱体倾角平缓时,比如 0 和 15°,柱状节理岩体主要发生沿试样轴向的劈裂破坏。事实上,大多数各向异性岩石试样在低围压或单轴压缩情况下均表现为劈裂破坏。柱状节理岩体主要沿二到三个竖直破裂面发生劈裂破坏。

剪切滑移破坏:当柱体倾角为中等倾斜或倾斜较陡时,如 30°、45°和 60°时,沿倾斜柱状节理面发生的剪切滑移是最主要的结构破坏模式。岩块未见裂纹，岩体整体的强度受节理面影响较大，这也与最小单轴抗压强度发生在 45°～60°之间的规律相吻合。

沿柱体轴线的劈裂破坏：当柱体轴线与加载方向近似平行时，比如 75°和 90°，柱状节理岩体表现为另一类型的劈裂破坏。在这个倾角范围内，轴向应力使得柱状节理岩体发生沿近竖直或竖直多边形柱状节理面的劈裂破坏，导致柱体崩解。当倾角为 75°时，一些在试样柱面位置的柱体因受到剪应力的影响而发生破坏，柱体之间仍存在一定程度的剪切滑移。然而，当倾角为 90°时，柱状节理岩体仅表现为沿柱体轴线的劈裂破坏。在外围的柱体中部出现一些导致柱体断裂的横向裂隙，一般出现在试样的 1/3 至 2/3 高度位置。当竖直向柱状节理劈裂时，处于外围的柱体成为类似压杆的结构，在中部发生失稳破坏。

图 6.14　柱状节理岩体物理模型试验与数值模拟破坏形态对比

参考文献

[1] BARENBLATT G I. The formation of equilibrium cracks during brittle fracture. General ideas and hypotheses. Axially-symmetric cracks

[J]. Journal of Applied Mathematics and Mechanics，1959，23(3):622-636.

[2] DUGDALE D S. Yielding of steel sheets containing slits[J]. Journal of the Mechanics and Physics of Solids，1960，8(2):100-104.

[3] HILLERBORG A , MODEER M , PETERSON P E . Analysis of crack formation and crack growth in concrete by means of fracture[J]. Cement and Concrete Research，1976，6(6):773-782.

[4] XU X P ， NEEDLEMAN A . Numerical simulations of fast crack growth in brittle solids[J]. J. mech. phys. solids，1994，42(9):1397-1434.

[5] XU X P , NEEDLEMAN A. Numerical simulations of dynamic interfacial crack growth allowing for crack growth away from the bond line [J]. International Journal of Fracture ，1996,74: 253-275.

[6] PARK K , PAULINO G H , ROESLER J R . A unified potential-based cohesive model of mixed-mode fracture[J]. Journal of the Mechanics & Physics of Solids，2009，57(6):891-908.

[7] SPRING D W , PAULINO G H . Computational homogenization of the debonding of particle reinforced composites: The role of interphases in interfaces[J]. Computational Materials Science，2015，109:209-224.

第 7 章

柱状节理岩体数值均匀化
分析理论

7.1　概　述

柱状节理岩体的特殊地质结构使其具有不同于常见岩体的变形规律和破坏模式。特别是在复杂应力状态下,其变形和强度等力学特性受柱状节理地质结构的影响较大。研究如何将细观结构和宏观力学特性结合起来有利于更加深入完整地认识柱状节理岩体的工程和力学性质,进而为工程岩体的变形和失稳破坏研究提供科学依据和技术支持。

本章围绕非均质岩土体工程材料的数值均匀化过程开展研究。结合双尺度渐进展开原理、周期边界施加,提出针对离散元和有限元 RVE 的周期性边界施加技术,实现复杂岩体从细观结构尺度到宏观工程尺度的转换。针对柱状节理岩体采用数值均匀化分析等效宏观力学特性。

7.2　双尺度渐进展开

7.2.1　渐进多尺度展开

均匀化理论的基本假定是研究对象可以视为具有周期性结构的单胞模型在空间的重复,如图 7.1 所示。均匀化最重要的思想就是引入宏观尺度与细观尺度,将宏观结构的变形描述为细观结构变形的展开,建立起宏细观结构的等效关系。一具有周期性结构的复合材料弹性体 Ω,受体力 f,边界 Γ_t 上受表面力 t,边界 Γ_u 上给定位移边界条件。宏观某点 x 处的细观结构可以看成是非均匀单胞在空间中周期性重复堆积而成。单胞的尺度 y 相对于宏观几何尺度

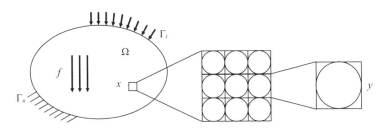

图 7.1　不均匀材料渐进双尺度展开原理示意图

为小量。不妨假设宏观尺度为 m，微观尺度为 cm，$\varepsilon = 10^{-2}$，则宏观尺度下的一个单位长度即 $x = 1$ m，在微观尺度下对应 $y = x/\varepsilon = 10^2$；微观尺度下的一个单位长度即 $y = 1$ cm，在宏观尺度下对应 $x = y\varepsilon = 10^{-2}$。

对于非均匀的复合材料，当宏观结构受外部作用时，位移和应力等结构场变量将随宏观位置的改变而不同。同时由于细观结构的高度非均匀性，使得这些结构场变量在宏观位置 x 非常小的邻域 ε 内也会有很大变化。因此所有变量都假设依赖于宏观与细观两种尺度，即得：

$$\Phi^\varepsilon(x) = \Phi(x, y) \quad , \quad y = \frac{x}{\varepsilon} \tag{7.1}$$

式中，上标 ε 为该函数具有两种尺度的特征。

此外结构场变量具有周期性，假定微观单胞的周期为 Y，则有：

$$\Phi(x, y) = \Phi(x, y + Y) \tag{7.2}$$

为连接两个尺度，常用的处理方法有渐进展开法（asymptotic expansion）、泰勒级数近似法（Taylor series approximation）和以傅里叶变换（Fourier transform）为基础的多尺度方法。本章结合渐进展开法论述如何实现均匀化[1-2]。Y-周期位移场可以近似为宏观坐标 x 的展开式，渐进展开是其中比较常用的一种展开方法，其展开形式为：

$$u^\varepsilon(x) = u^0(x, y) + \varepsilon u^1(x, y) + \varepsilon^2 u^2(x, y) + \cdots, \quad y = \frac{x}{\varepsilon} \tag{7.3}$$

由此，对应的应变张量可以根据与位移的微分关系表示为：

$$e_{kl}^\varepsilon = \frac{1}{\varepsilon} e_{kl}^{-1}(x, y) + e_{kl}^0(x, y) + \varepsilon e_{kl}^1(x, y) + \varepsilon^2 e_{kl}^2(x, y) + \cdots \tag{7.4}$$

将应变代入本构方程，可得应力场的渐进展开式，进一步代入平衡方程则上述公式可以进一步写为：

$$\frac{1}{\varepsilon^2}\left[\frac{\partial \sigma_{ij}^{-1}(x, y)}{\partial y_j}\right] + \frac{1}{\varepsilon}\left[\frac{\partial \sigma_{ij}^{-1}(x, y)}{\partial x_j} + \frac{\partial \sigma_{ij}^0(x, y)}{\partial y_j}\right] +$$

$$\left[\frac{\partial \sigma_{ij}^0(x, y)}{\partial x_j} + \frac{\partial \sigma_{ij}^1(x, y)}{\partial y_j} + f\right] + \varepsilon\left[\frac{\partial \sigma_{ij}^1(x, y)}{\partial x_j} + \frac{\partial \sigma_{ij}^2(x, y)}{\partial y_j}\right] + \cdots = 0$$

$$\tag{7.5}$$

为使上述方程恒等于 0，令 $\varepsilon^i\,(i=-2,-1,0,1\cdots)$ 的所有系数为零，得到一系列控制方程：

$$\frac{\partial}{\partial y_j}\left(\boldsymbol{E}_{ijkl}^{\varepsilon}\frac{\partial u_k^0}{\partial y_l}\right)=0 \tag{7.6}$$

$$\frac{\partial}{\partial y_j}\left[\boldsymbol{E}_{ijkl}^{\varepsilon}\left(\frac{\partial u_k^0}{\partial x_l}+\frac{\partial u_k^1}{\partial y_l}\right)\right]=0 \tag{7.7}$$

$$\frac{\partial \sigma_{ij}^0}{\partial x_j}+\frac{\partial \sigma_{ij}^1}{\partial y_j}+f_i=0 \quad \text{in} \quad \Omega \tag{7.8}$$

根据 Y-周期性，Devries 等证明了式(7.6)等于 0。进一步分析可得式(7.7)为细观平衡方程，式(7.8)为均匀化的宏观平衡方程。由此，对于线性材料，可以在细观和宏观尺度上建立两套方程。

宏观尺度关系式：

$$\frac{\partial \sum_{ij}}{\partial x_j}=-f_i \quad \text{in} \quad \Omega,\ \sum_{ij}=\boldsymbol{E}_{ijkl}^H\frac{\partial u_k^0}{\partial x_l}$$

$$\sum_{ij}n_j=t_i \quad \text{on} \quad \Gamma_t,\ u_i^0=\bar{u}_i \quad \text{on} \quad \Gamma_u \tag{7.9}$$

细观尺度关系式：

$$\frac{\partial \sigma_{ij}}{\partial x_j}=0 \quad \text{in} \quad \Theta,\quad \sigma_{ij}=\boldsymbol{E}_{ijpm}^{\varepsilon}\left[I_{klpm}+\frac{\partial \chi_p^{ij}}{\partial y_m}\right] \tag{7.10}$$

$$\chi_p^{ij}(y)=\chi_p^{ij}(y+Y) \quad \text{on} \quad \partial\Theta,\quad \chi_p^{ij}(y)=0 \quad \text{on} \quad \partial\Theta^{vert}$$

式中，$\boldsymbol{E}_{ijkl}^H$ 为等效宏观矩阵；$\boldsymbol{E}_{ijpm}^{\varepsilon}$ 为细观材料矩阵；χ 为单胞结构的特征函数。

特征函数和等效宏观矩阵可以通过如下公式进行计算：

$$\int_{\Theta}\boldsymbol{B}^{\top}\boldsymbol{D}\boldsymbol{B}\mathrm{d}\Theta\chi=\int_{\Theta}\boldsymbol{B}^{\top}\boldsymbol{D}\mathrm{d}\Theta$$

$$\boldsymbol{E}_{ijkl}^H=\frac{1}{|Y|}\int_Y\sigma_{ij}^{kl}(y)\mathrm{d}Y \tag{7.11}$$

7.2.2 等效材料矩阵推导

结合渐进均匀化展开方法（asymptotic homogenisation method），当内部

细观结构较为简单时,可以对非均匀材料采用解析的方法确定宏观特性[3-4]。当内部结构复杂时,如研究的白鹤滩柱状节理岩体,基于解析的方法很难成功。随着计算机水平和计算力学理论的提高,采用数值均匀化理论来研究不均匀材料的概化特性的优势逐渐凸显出来,尤其是以有限元和离散元为代表。单胞的变形可以分为两个部分,一部分是与宏观应变一致的均匀应变,另外一部分是反映细观结构变形规律的特征应变。所以,获取不均匀材料,单胞结构宏观力学特性的重点在于寻找满足单胞变形的特征函数,其主要特点是具有周期性变形,且在单胞结构上的均匀化结果为 0。

根据 Hill-Mandel 能量互等原理,建立柱状节理岩体材料任意应变作用下宏观材料参数计算方法。假定不均匀材料单胞占据空间 S,体积为 V,其表面和法向向量分别为 ∂S 和 $\boldsymbol{n}_i$,单胞上每一个点记为 x_i。基于计算均匀化方法确定材料宏观特性的核心公式如下:

(1) 定义不均匀材料的平均应力和平均应变为:

$$\bar{\sigma}_{ij} = \frac{1}{V}\int_S \sigma_{ij}\,\mathrm{d}V \quad , \quad \bar{\varepsilon}_{ij} = \frac{1}{V}\int_S \bar{\varepsilon}_{ij}\,\mathrm{d}V \tag{7.12}$$

(2) 定义单胞动力容许应变和静力容许应力为:

$$\varepsilon_{ij} = \frac{1}{2}\left(\frac{\partial u_i}{\partial x_j} + \frac{\partial u_j}{\partial x_i}\right) \tag{7.13}$$

$$\frac{\partial \sigma_{ij}}{\partial x_j} = 0 \tag{7.14}$$

(3) 假定单胞结构表面 ∂S 应力边界条件为 $t_i^0 = \sigma_{ij}^0 n_i$,则有:

$$\frac{1}{V}\int_S \sigma_{ij}\,\mathrm{d}V = \sigma_{ij}^0 \tag{7.15}$$

(4) 假定单胞结构表面 ∂S 位移边界条件为 $u_i^0 = \varepsilon_{ij}^0 x_i$,则有:

$$\frac{1}{V}\int_S \varepsilon_{ij}\,\mathrm{d}V = \varepsilon_{ij}^0 \tag{7.16}$$

(5) Hill-Mandel 能量互等定理:

$$\bar{\sigma}_{ij}\bar{\varepsilon}_{ij} = \frac{1}{V}\int_V \sigma_{ij}\varepsilon_{ij}\,\mathrm{d}V \tag{7.17}$$

（6）对于周期性单胞结构，位移边界条件为 $u_i = \bar{\varepsilon}_{ij} x_j$ 和位移场 $u_i = \bar{\varepsilon}_{ij} x_j + NY$，可得宏观材料参数 $\boldsymbol{C}_{ijkl}$ 的表达式：

$$\bar{\sigma}_{ij} = \frac{1}{V} \int_V \sigma_{ij} \, \mathrm{d}V = \boldsymbol{C}_{ijkl} \bar{\varepsilon}_{kl} \tag{7.18}$$

不失一般性，任何材料应力张量 σ_{ij} 与应变 ε_{kl} 的关系可以通过包含 81 个变量的四阶张量 $\boldsymbol{C}_{ijkl}$ 来表示，可以写为：

$$\sigma_{ij} = \boldsymbol{C}_{ijkl} \varepsilon_{kl} \tag{7.19}$$

由于应力张量和应变张量均具有对称性，即 $\sigma_{ij} = \sigma_{ji}$ 和 $\varepsilon_{kl} = \varepsilon_{lk}$，因此可得关系式为：

$$\boldsymbol{C}_{ijkl} = \boldsymbol{C}_{jikl} = \boldsymbol{C}_{ijlk} = \boldsymbol{C}_{jilk} \tag{7.20}$$

由于四阶张量 $\boldsymbol{C}_{ijkl}$ 关于哑表 i,j 和 k,l 的对称性，原本 81 个未知量的四阶张量可以缩减为 36 个。结合 Voigt 标记，四阶张量 $\boldsymbol{C}_{ijkl}$ 中 36 个独立变量可以简化表示为 6×6 的刚度矩阵形式：

$$\begin{bmatrix} \sigma_1 \\ \sigma_2 \\ \sigma_3 \\ \sigma_4 \\ \sigma_5 \\ \sigma_6 \end{bmatrix} = \begin{bmatrix} C_{11} & C_{12} & C_{13} & C_{14} & C_{15} & C_{16} \\ C_{21} & C_{22} & C_{23} & C_{24} & C_{25} & C_{26} \\ C_{31} & C_{32} & C_{33} & C_{34} & C_{35} & C_{36} \\ C_{41} & C_{42} & C_{43} & C_{44} & C_{45} & C_{46} \\ C_{51} & C_{52} & C_{53} & C_{54} & C_{55} & C_{56} \\ C_{61} & C_{62} & C_{63} & C_{64} & C_{65} & C_{66} \end{bmatrix} \begin{bmatrix} \varepsilon_1 \\ \varepsilon_2 \\ \varepsilon_3 \\ \varepsilon_4 \\ \varepsilon_5 \\ \varepsilon_6 \end{bmatrix} \tag{7.21}$$

其中，$(\sigma_1, \sigma_2, \sigma_3, \sigma_4, \sigma_5, \sigma_6) = (\sigma_{11}, \sigma_{22}, \sigma_{33}, \sigma_{23}, \sigma_{13}, \sigma_{12})$；$(\varepsilon_1, \varepsilon_2, \varepsilon_3, \varepsilon_4, \varepsilon_5, \varepsilon_6) = (\varepsilon_{11}, \varepsilon_{22}, \varepsilon_{33}, \varepsilon_{23}, \varepsilon_{13}, \varepsilon_{12})$。

根据刚度矩阵求逆，可得材料的柔度矩阵表达式：

$$\begin{bmatrix} \varepsilon_1 \\ \varepsilon_2 \\ \varepsilon_3 \\ \varepsilon_4 \\ \varepsilon_5 \\ \varepsilon_6 \end{bmatrix} = \begin{bmatrix} S_{11} & S_{12} & S_{13} & S_{14} & S_{15} & S_{16} \\ S_{21} & S_{22} & S_{23} & S_{24} & S_{25} & S_{26} \\ S_{31} & S_{32} & S_{33} & S_{34} & S_{35} & S_{36} \\ S_{41} & S_{42} & S_{43} & S_{44} & S_{45} & S_{46} \\ S_{51} & S_{52} & S_{53} & S_{54} & S_{55} & S_{56} \\ S_{61} & S_{62} & S_{63} & S_{64} & S_{65} & S_{66} \end{bmatrix} \begin{bmatrix} \sigma_1 \\ \sigma_2 \\ \sigma_3 \\ \sigma_4 \\ \sigma_5 \\ \sigma_6 \end{bmatrix} \tag{7.22}$$

事实上对于不同类型的材料,刚度矩阵具有的材料参数有时远远小于 36 个。例如,完全各向异性材料的材料参数个数为 21 个,单斜晶体材料的材料参数为 13 个,正交各向异性材料的材料参数为 9 个,横观各向同性材料的材料参数为 5 个,而完全各向同性的材料参数仅仅有 2 个。材料参数一般可以通过柔度矩阵来表达,如对于正交各向异性材料而言,柔度矩阵可以表述为:

$$\boldsymbol{S} = \begin{bmatrix} \dfrac{1}{E_1} & -\dfrac{v_{12}}{E_1} & -\dfrac{v_{13}}{E_1} & 0 & 0 & 0 \\[2ex] -\dfrac{v_{12}}{E_1} & \dfrac{1}{E_2} & -\dfrac{v_{23}}{E_2} & 0 & 0 & 0 \\[2ex] -\dfrac{v_{13}}{E_1} & -\dfrac{v_{23}}{E_2} & \dfrac{1}{E_3} & 0 & 0 & 0 \\[2ex] 0 & 0 & 0 & \dfrac{1}{G_{23}} & 0 & 0 \\[2ex] 0 & 0 & 0 & 0 & \dfrac{1}{G_{13}} & 0 \\[2ex] 0 & 0 & 0 & 0 & 0 & \dfrac{1}{G_{12}} \end{bmatrix} \tag{7.23}$$

对于横观各向同性或者完全各向同性材料可以表述为更加简洁的形式,如果确定材料的刚度矩阵,可以通过求逆获得柔度矩阵,进而推算出材料的材料参数。对于周期性边界分析,式(7.19)右边材料的应变 ε_{kl} 即为施加的周期性应变,材料在该应变作用下产生的应力 σ_{ij} 可以通过对有限元分析结果的每一个单元上的积分点进行如下运算获得平均应力 $\sum_{ij}$:

$$\sum_{ij} = \frac{1}{V} \int_V \sigma_{ij} \, \mathrm{d}V \tag{7.24}$$

不失一般性,假定施加的平均应变如式(7.24)所示的 6 个应变荷载步,对于每一次周期性应变荷载施加,同时计算得到平均应力分量,将平均应力除以应变即可得到刚度矩阵的 6 个分量,经过 6 次荷载步计算即可得到刚度矩阵的所有数值,进而得到柔度矩阵,从而能根据柔度矩阵确定材料参数。表 7.1 中施加应变荷载为 1 只是表示 1 个单位的小值扰动,实际添加过程中可能为一个较小的值。

表 7.1　施加周期性应变荷载表

荷载步	1	2	3	4	5	6
$\begin{bmatrix}\varepsilon_1\\\varepsilon_2\\\varepsilon_3\\\varepsilon_4\\\varepsilon_5\\\varepsilon_6\end{bmatrix}$	$\begin{bmatrix}1\\0\\0\\0\\0\\0\end{bmatrix}$	$\begin{bmatrix}0\\1\\0\\0\\0\\0\end{bmatrix}$	$\begin{bmatrix}0\\0\\1\\0\\0\\0\end{bmatrix}$	$\begin{bmatrix}0\\0\\0\\1\\0\\0\end{bmatrix}$	$\begin{bmatrix}0\\0\\0\\0\\1\\0\end{bmatrix}$	$\begin{bmatrix}0\\0\\0\\0\\0\\1\end{bmatrix}$

值得一提的是,该方法不仅可以确定材料的基本弹性参数,同时可以确定岩体在任意应变作用下对应的刚度矩阵,从而等价于具有任意复杂细观结构的宏观本构模型。事实上,该方法不仅可以得到材料的等效弹性参数,而且可以获得材料任意应变下的一致切线刚度。在处理具有细观复杂结构的宏观问题分析上,应用该方法可以绕过建立复杂的力学本构,对复杂岩体具有普遍适用性。

7.3　复杂岩体宏细观尺度转换

在多尺度分析中,宏观尺度的分析不仅仅限于有限单元法,也可以采用物质点法(material point method)、虚拟单元法(virtual element method)等,细观尺度的模拟方法更多,可以采用有限元、离散元、分子动力学等多种方法。本章主要针对多重有限元(FE2)和有限元离散元多尺度(FEM/DEM)模拟两种方法开展研究。

结合双尺度展开和数值均匀化的基本理论,可见对于细观尺度的分析,与常规数值模型相比最大的不同就是其边界条件为周期性边界条件。常规有限元分析多是基于等应变或等应力边界条件如单轴试验、分级加载流变试验。虽然基于等应变或等应力边界条件的分析结果研究宏观力学特性也是可以的,但是研究成果表明基于等应力边界条件会低估材料矩阵的性能;而采用等应变边界条件会高估材料力学性能[5]。因为以上两种边界条件导致相邻单胞无法同时满足变形协调和应力连续这两个基本要求,采用周期性边界条件才可以同时满足这两个要求。

7.3.1 周期性边界条件施加技术

7.3.1.1 有限元周期性边界条件

与等应力或等应变条件不同,周期性边界条件是一种比较难理解的边界条件。本章以如图 7.2 所示周期性网格的单胞模型为例,该模型具有周期性网格结构,满足平移对称性。根据周期性位移场的基本公式:

$$u_i = \bar{\varepsilon}_{ik} x_k + u_i^* \tag{7.25}$$

式中,$\bar{\varepsilon}_{ik}$ 为单胞平均应变;x_k 为任意点坐标;u_i^* 为周期性位移修正量。

在式(7.25)中,u_i^* 为一个依赖于施加全局荷载的未知量,因此该公式很难直接用于有限元边界条件施加。考虑单胞模型的对称性,可以根据单胞结构的对称表达对式(7.25)进行改写:

$$u_i^{j+} = \bar{\varepsilon}_{ik} x_k^{j+} + u_i^*$$
$$u_i^{j-} = \bar{\varepsilon}_{ik} x_k^{j-} + u_i^* \tag{7.26}$$

式中,上标 j^+ 和 j^- 分别表示沿 X_j 轴的正方向和负方向。

对式(7.26)中的两个式子相减可得式(7.27):

$$u_i^{j+} - u_i^{j-} = \bar{\varepsilon}_{ik} (x_k^{j+} - x_k^{j-}) = \bar{\varepsilon}_{ik} \Delta x_k^j \tag{7.27}$$

式中,Δx_k^j 为单胞模型的尺寸,是一个常数;$\bar{\varepsilon}_{ik}$ 为给定的应变荷载值。

因此表达式右侧 $\bar{\varepsilon}_{ik} \Delta x_k^j$ 为常值,进一步可以表达为:

$$u_i^{j+}(x,y,z) - u_i^{j-}(x,y,z) = \bar{\varepsilon}_{ik} \Delta x_k^k \qquad (i,j=1,2,3) \tag{7.28}$$

式(7.28)不再含周期性位移修正量 u_i^*,$\bar{\varepsilon}_{ik} \Delta x_k^k$ 的值可以通过设定虚拟节点(如图 7.2(a)所示的哑节点),然后对虚拟节点设置位移边界条件的方式来实现。因此根据该公式便可以将周期边界问题转化为多点约束方程(multiple point constraints,MPC)来在有限元分析中实现。阿尔伯塔大学 Xia 等还进一步证明施加所给出的周期性位移边界条件,相邻单胞边界处能够同时满足应力连续和变形协调条件[6]。

实际上单胞结构周期性边界的施加不是仅靠式(7.28)就能确定的,在模型的边上和节点上还需要另外处理,以保证计算过程中不会出现过约束和欠约束。Li 对不同类型的 RVE 结构进行研究,建立了相关的约束控制方程及其节点约束施加方法[7]。本节结合 Li 等的研究成果,详细给出在单胞模型的相应面节点、棱边节点及角节点上实现上述公式中的周期性边界条件所需施加的约束方程,为下一节对一般性周期性边界条件的实现提供基础。以图 7.2(b)所示的立方体单胞(Unit Cell)为例,该模型有 6 个面、12 条边和 8 个点,是一个典型的平移对称模型(此类网格可以通过 Gmsh、Hypermesh 和 Cubit 等建立)。根据单胞模型的面、边和点的编码结构,在 6 种典型应变荷载(ϵ_x^0,ϵ_y^0,ϵ_z^0,γ_{xy}^0,γ_{xz}^0,γ_{yz}^0)下,分别对面、边和点建立约束方程。

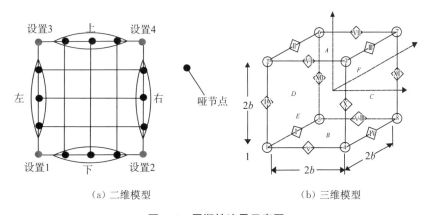

（a）二维模型　　　　（b）三维模型

图 7.2　周期性边界示意图

（1）面约束施加

单胞结构的 6 个面可以视为 3 组如下对称面(12 个边和 8 个点除外),然后根据荷载作用的形式,可以分别对每一组平移对称面建立约束方程。

$$x = \pm b(\text{"+" } for \ face \ A \ and \ \text{"—" } for \ face \ B):(i = 1, j = 0, k = 0)$$
$$y = \pm b(\text{"+" } for \ face \ C \ and \ \text{"—" } for \ face \ D):(i = 0, j = 1, k = 0)$$
$$z = \pm b(\text{"+" } for \ face \ E \ and \ \text{"—" } for \ face \ F):(i = 0, j = 0, k = 1)$$

$$(7.29)$$

x 方向:

$$(u\big|_{x=b}-u\big|_{x=-b})\big|_{y,z}=2b\varepsilon_x^0$$
$$(v\big|_{x=b}-v\big|_{x=-b})\big|_{y,z}=0 \tag{7.30}$$
$$(w\big|_{x=b}-w\big|_{x=-b})\big|_{y,z}=0$$

可以简记为 $U_A-U_B=F_{AB}$ 。

y 方向:

$$(u\big|_{y=b}-u\big|_{y=-b})\big|_{x,z}=2b\gamma_{xy}^0$$
$$(v\big|_{y=b}-v\big|_{y=-b})\big|_{x,z}=2b\varepsilon_y^0 \tag{7.31}$$
$$(w\big|_{y=b}-w\big|_{y=-b})\big|_{x,z}=0$$

可以简记为 $U_C-U_D=F_{CD}$ 。

z 方向:

$$(u\big|_{z=b}-u\big|_{z=-b})\big|_{x,y}=2b\gamma_{xy}^0$$
$$(v\big|_{z=b}-v\big|_{z=-b})\big|_{x,y}=2b\gamma_{yz}^0 \tag{7.32}$$
$$(w\big|_{z=b}-w\big|_{z=-b})\big|_{x,y}=2b\varepsilon_z^0$$

可以简记为 $U_E-U_F=F_{EF}$ 。

式中,$x=-b$、$y=-b$ 和 $z=-b$ 这 3 个平面称为主平面,与主平面平行相对的平面为从平面。

对于三组面上不包含边的网格节点,可以通过式(7.30)、(7.31)、(7.32)所给出的约束方程实现周期性边界条件。

(2) 边约束施加

对于单胞模型 12 条棱边上的点(8 个节点除外)不能直接采用面约束方程来施加周期性边界条件,因为边位于面的节点上,同时需要满足其中两组方程,如果完全根据式(7.30)、(7.31)、(7.32)的方式添加会导致过约束,进而无法进行计算。对于单胞模型的 12 条棱边,可以分为以下 3 类:与 x 轴平行的 Ⅸ、Ⅹ、Ⅺ 和 Ⅻ;与 y 轴平行的 Ⅴ、Ⅵ、Ⅶ、Ⅷ;与 z 轴平行的 Ⅰ、Ⅱ、Ⅲ 和 Ⅳ。对于以 Ⅰ 为基准边,平行于 z 轴的 4 条棱边之间可以建立 3 组线性约束方程:

$$u_{\text{Ⅱ}}-u_{\text{Ⅰ}}=2b\varepsilon_x^0$$
$$v_{\text{Ⅱ}}-v_{\text{Ⅰ}}=0 \tag{7.33}$$
$$w_{\text{Ⅱ}}-w_{\text{Ⅰ}}=0$$

可以简记为 $U_{II} - U_{I} = F_{AB}$ 。

$$u_{III} - u_{I} = 2b\varepsilon_x^0 + 2b\gamma_{xy}^0$$
$$v_{III} - v_{I} = 2b\varepsilon_y^0 \qquad\qquad (7.34)$$
$$w_{III} - w_{I} = 0$$

可以简记为 $U_{III} - U_{I} = F_{AB} + F_{CD}$ 。

$$u_{IV} - u_{I} = 2b\gamma_{xy}^0$$
$$v_{IV} - v_{I} = 2b\varepsilon_y^0 \qquad\qquad (7.35)$$
$$w_{IV} - w_{I} = 0$$

可以简记为 $U_{IV} - U_{I} = F_{CD}$ 。

同理对于其他两组平行于 y 轴和 z 轴的边,分别可以建立如下简化约束方程:

$$U_{VI} - U_{VI} = F_{AB}, U_{VII} - U_{V} = F_{AB} + F_{EF}, U_{VIII} - U_{V} = F_{EF}$$
$$U_{X} - U_{IX} = F_{CD}, U_{XI} - U_{IX} = F_{CD} + F_{EF}, U_{XII} - U_{IX} = F_{EF} \qquad (7.36)$$

提出的周期性约束方程适用于完全周期性网格结构的单胞模型,然而实际的非均匀材料很少具有完全的周期性微结构,宏观结构上不同的点可能具有不同的微结构形态。考虑到柱状节理岩体的方向性,除了柱体倾向为 90°或者 0°时,对于其他倾角很难生成周期性网格模型。虽然一些文献指出,在非线性有限元分析软件中可以通过 Tie 关键字来实现面与面之间的约束,但是该方法适用于热膨胀法或者边界力法,在内聚力单元中使用还存在一些问题。因此本章在周期性网格模型的基础上研究如何实现一般周期性网格的周期性边界条件。周期性网格和非周期性网格在施加周期性边界方面最大的不同是主平面上的点和对应从平面上的点不是一一对应的,如图 7.3(a)所示。由于实体模型采用的是四面体单元,黏结单元采用的是零厚度单元,因此点 M' 对应的位置点 M 肯定处于某个三角形单元内,其位移可以通过该三角形的位移插值获得:

$$\boldsymbol{u} = \boldsymbol{N}\boldsymbol{\delta} \qquad\qquad (7.37)$$

式中, $\boldsymbol{u}$ 为 M 点的位移矩阵; $\boldsymbol{N}$ 为从平面上对应点 M 处的单元形函数矩阵; $\boldsymbol{\delta}$ 为包围点 M 的单元节点位移矩阵。

此时在从平面上包围对应点 M 的是三角形单元,如图 7.3(b)所示,可以给出与周期性网格类似的表达式为：

$$\boldsymbol{u}_i^{j+}(M') - \left[\boldsymbol{N}_1(M)\boldsymbol{N}_2(M)\boldsymbol{N}_3(M)\right] \cdot \begin{bmatrix} \boldsymbol{u}_i^{j-}(\boldsymbol{S}_1) \\ \boldsymbol{u}_i^{j-}(\boldsymbol{S}_2) \\ \boldsymbol{u}_i^{j-}(\boldsymbol{S}_3) \end{bmatrix} = \overline{\varepsilon}_{ik}\Delta x_k^j \quad (7.38)$$

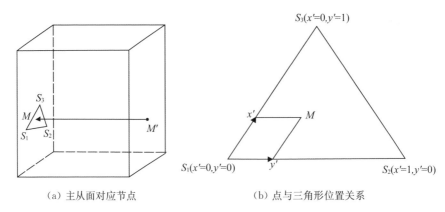

（a）主从面对应节点   （b）点与三角形位置关系

图 7.3   一般周期性网格

根据式(7.38)可以将周期性网格的约束方程扩展到非周期性网格。因此，如何判断点在对应三角形的位置是一个必须要思考的问题。研究提出一种简单高效的判断点在对应三角形内的计算公式。如图 7.3(b)所示，在三角形 $S_1S_2S_3$ 所在的平面上，任意点 M 的位置都可以由如下方程来表示：

$$\boldsymbol{M} = \boldsymbol{S}_1 + x'(\boldsymbol{S}_2 - \boldsymbol{S}_1) + y'(\boldsymbol{S}_2 - \boldsymbol{S}_1) \quad (7.39)$$

$$\begin{cases} x' \geqslant 0 \\ y' \geqslant 0 \\ x' + y' \leqslant 1 \end{cases} \quad (7.40)$$

根据三角形单元的基本性质，当系数 x' 和 y' 满足式(7.40)就可以判定点 M 在三角形 $S_1S_2S_3$ 内部。

因此，对于非周期性网格，只需要在原来基础上做一些调整即可。对于面约束的施加，将约束方程改为式(7.38)的形式即可。值得一提的是，对于边约束，需要判断点在两点之间，然后建立类似于式(7.38)的插值格式即可。点约束与周期性网格完全相同。事实上对于非周期性网格约束方程可直接退化为周期性网格的形式。

基于非线性有限元分析软件程序中提供的计算机程序设计语言开展柱状节理岩体的周期性边界施加。计算机程序设计语言是一种面向对象、解释型的语言,具有丰富和强大的库,能够把其他语言制作的各种模块很轻松地联结在一起。计算机程序设计语言作为非线性有限元分析软件的脚本语言,通过计算机程序设计语言脚本的编写,几乎可以代替非线性有限元分析软件的任何界面操作。结合上述分析中周期性边界的约束施加方程,编写相关程序实现该边界的流程如图 7.4 所示。

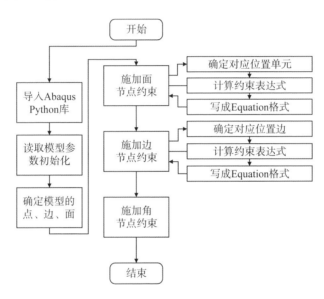

图 7.4　非线性有限元分析软件周期性边界施加流程

使用计算机程序设计语言脚本进行分析前需要通过调用非线性有限元分析软件的库,才能读取非线性有限元分析软件的模型节点、单元和集合。施加周期性边界的脚本程序先确定模型的 8 个角节点、12 条边节点和 6 个面节点及其之间的拓扑关系。然后先对面节点进行约束施加,然后对边节点施加约束,最后对角节点施加约束。在非线性有限元分析软件中,约束方程通过Equation 关键字来实现,既可以建立两个节点之间的约束,也可以实施多个节点的约束。对于含有 0 厚度内聚力单元的模型来说,在施加约束时,由于内聚力单元在边界面上为一条线,所以在对应参考面上施加约束时不考虑内聚力单元的影响。

（3）点约束施加

施加完边和面上的多点约束条件（MPC）后，剩下需要对单胞模型的 8 个角节点施加约束方程。以角节点①为基准点，给出角节点②和角节点①之间的位移约束关系：

$$u_2 - u_1 = 2b\varepsilon_x^0$$
$$v_2 - v_1 = 0 \qquad\qquad (7.41)$$
$$w_2 - w_1 = 0$$

可简记为 $U_2 - U_1 = F_{AB}$。

同理对于其他 6 个节点可以建立以下方程式：

$$U_3 - U_1 = F_{AB} + F_{CD}, U_4 - U_1 = F_{CD}$$
$$U_5 - U_1 = F_{EF}, U_6 - U_1 = F_{AB} + F_{EF} \qquad\qquad (7.42)$$
$$U_7 - U_1 = F_{AB} + F_{CD} + F_{EF}, U_8 - U_1 = F_{CD} + F_{EF}$$

至此，对于图 7.3(a)所示的立方体单胞，对根据网格节点所在的位置，分别施加面约束、边约束和点约束方程，即可完成周期性边界的施加。

7.3.1.2 离散元周期性边界条件

对于离散单元法，当模型为周期性模型时，如图 7.5 所示，其周期性边界实现条件较为简单。简而言之，当一个颗粒离开当前边界时，视为该颗粒同时进入另外一端的周期性边界。图 7.5 中所示的颗粒 1 和颗粒 1′、颗粒 3 和颗粒 3′除了 Y 坐标有一定的差别外，其力学性质保持相同。计算过程中周期性边界颗粒的处理包含两个方面：

（1）接触力处理：当颗粒的表面超过周期性边界的边时，如图颗粒 1 和颗粒 3 超过边界 PB1 时，该颗粒对应的周期性颗粒与另一边界附近颗粒的接触需要进行考虑，不仅需要计算颗粒 1 的接触力，同时需要计算图中颗粒 1′和颗粒 2 之间的接触力。最终颗粒 1 和颗粒 1′的接触力 F_n 和 F'_n 在数值和方向上要保持一致。

（2）位置和速度处理：当颗粒的中心超过周期性边界的一个边时，需要将该颗粒移动到周期性边界的另一边，同时保持颗粒的速度不变。假定图中颗粒 1 的位置为 (x, y, z)，则对应的颗粒 1′的坐标为 $(x, y+L, z)$。

基于开源离散元 Yade 实现了一种适用于离散单元法的周期性边界施加

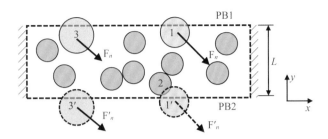

图 7.5　离散元周期性边界示意图

方法，主要包括如下步骤，如图 7.6 所示：

①建立周期性格子，生成基于离散单元法的表征体积单元（RVE）；

②根据周期性格子的大小，将应变转化为周期性格子的边界位移；

③将周期性格子的变形分为很多个阶段分级加载；

④采用离散单元法计算离散元 RVE 的周期性变形。

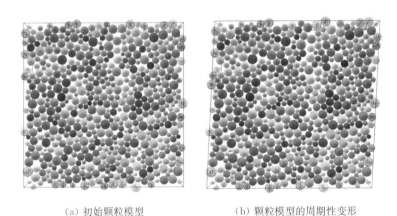

（a）初始颗粒模型　　　　　　　（b）颗粒模型的周期性变形

图 7.6　离散单元法周期性边界施加

7.3.2　复杂岩体材料均匀化

根据复杂岩体数值分析方法的不同，其均匀化可以分为两类，针对有限单元法的数值均匀化和针对离散单元法的数值均匀化分析方法。

对于有限单元法，当岩土体材料为线弹性材料时，非均质材料的等效应力应变和材料矩阵可以直接采用体积平均的方法计算：

$$\overline{\varepsilon} = \frac{\sum\limits_{i=1}^{n} \varepsilon_{ij} V_i}{\sum\limits_{i=1}^{n} V_i} \tag{7.43}$$

$$\overline{\sigma} = \frac{\sum\limits_{i=1}^{n} \sigma_{ij} V_i}{\sum\limits_{i=1}^{n} V_i} \tag{7.44}$$

$$\boldsymbol{D}_{ijkl} = \frac{\partial \overline{\sigma}_{ij}}{\partial \overline{\varepsilon}_{kl}} \tag{7.45}$$

当材料为非线性时,需要在当前应变状态 ε_0 下施加一个较小的扰动 $\xi \Delta \varepsilon_{kl}$,分别计算当前应力状态下的平均应力和平均应变。当边界为周期性边界时,平均应变与周期性应变一致,因此非均质岩土材料的切线刚度计算可以表示为:

$$\overline{\sigma}(\varepsilon_0 + \xi \Delta \varepsilon_{kl}) = \frac{\sum\limits_{i=1}^{n} \sigma_{ij} V_i}{\sum\limits_{i=1}^{n} V_i \mid_{\varepsilon_0 + \xi \Delta \varepsilon_{kl}}} \tag{7.46}$$

$$\boldsymbol{D}_{ijkl} = \frac{\partial \overline{\sigma}_{ij}}{\partial \overline{\varepsilon}_{kl}} \mid_{\varepsilon = \varepsilon_0} = \frac{\overline{\sigma}(\varepsilon_0 + \xi \Delta \varepsilon_{kl}) - \overline{\sigma}(\varepsilon_0)}{\xi} \tag{7.47}$$

对于离散单元法,非均质材料的平均应力张量可以通过对一定区域内不同接触进行积分得到:

$$\sigma = \frac{1}{V} \sum_{N_c} \boldsymbol{d}^c \otimes \boldsymbol{f}^c \tag{7.48}$$

式中,V 为离散元标准体积单元的体积;N_c 为接触的数目;$\boldsymbol{d}^c$ 为接触位置矢量;$\boldsymbol{f}^c$ 为接触力矢量。

对于离散元表征体积单元的应变一般通过对 Domain 的边界施加来实现,因此不需要进行额外计算。对于材料的一致切线模量,可以通过两种方式得到,一种是通过颗粒之间的接触来计算:

$$D = \frac{1}{V} \sum_{N_c} (k_n \boldsymbol{n}^c \otimes \boldsymbol{d}^c \otimes \boldsymbol{n}^c \otimes \boldsymbol{d}^c + k_t \boldsymbol{t}^c \otimes \boldsymbol{d}^c \otimes \boldsymbol{t}^c \otimes \boldsymbol{d}^c) \quad (7.49)$$

式中，k_n 为接触的法向刚度；k_t 为接触的切线刚度。

考虑接触的非线性，可以采用如下计算：

$$k_n = \frac{\mathrm{d}f_n}{\mathrm{d}u_n} \quad , \quad k_s = \frac{\mathrm{d}f_s}{\mathrm{d}u_s} \quad (7.50)$$

另外一种方法是通过施加一个应变扰动，采用公式(7.41)通过计算应力的增量来计算。但是采用第二种方法需要额外进行离散元模拟，计算效率较低，因此，一般多采用第一种方法来计算。

7.4 复杂岩体材料数值均匀化分析

7.4.1 柱状节理岩体建模

柱状节理岩体结构复杂，岩体结构破碎，完整性差，是一种工程和力学性质较差的地质体，其力学特性一直是白鹤滩水电站工程设计及建设的重点关注问题，备受水工结构、岩石力学专家和工程师重视。柱状节理岩体的结构可以简化为如图 7.7 所示。可见柱状节理岩体具有明显的各向异性。对于 Z 方向的弹性模量，可以采用复合材料公式计算。

对于单个柱子，可得弹性模量 E_C 为：

$$E_C = \frac{E_B E_J (L_B + L_J)}{E_B L_J + E_J L_B} \quad (7.51)$$

则 Z 方向的弹性模量可计算为：

$$E_3 = \frac{E_C S_C + E_J S_J}{S_C + S_B} \quad (7.52)$$

式中，E_B 和 E_J 为岩块和节理的弹性模量；L_B 和 L_J 为岩体和节理的高度；S_C 和 S_B 为柱体和节理面的面积。

对于柱体顶面，其具有复杂结构，难以通过简单的公式推导获取其弹性模量，本章基于数值均匀化方法，研究了具有复杂结构的柱状节理岩体顶面的弹性模量。如图 7.8(a)所示，构建了具有周期性结构的柱状节理岩体模型，找出

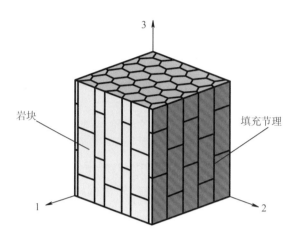

图 7.7　柱状节理岩体简化空间结构

模型的边界,根据对称性对每一组对称的边设置同样数量的节点,从而保证网格在边界具有周期性,如图 7.8(b)所示。对其他区域进行剖分,进一步得到具有周期性结构的数值模型如图 7.8(c)所示。

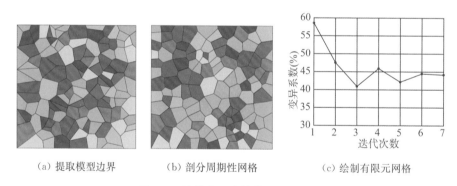

（a）提取模型边界　　（b）剖分周期性网格　　（c）绘制有限元网格

图 7.8　柱状节理岩体简化空间结构

7.4.2　柱状节理岩体均匀化分析

　　根据已有的研究成果,岩块和软弱结构面的参数可通过室内试验获得,其弹性力学参数如表 7.2 所示。根据柱状节理不同组分的参数,开展周期性边界模拟,计算柱状节理岩体的力学参数。对于二维情况,如图 7.9 所示仅需 3 个应变加载步即可实现。为研究不同边界条件对结果的影响,本章分别开展了基于位移边界条件、应力边界条件和周期性边界条件的均匀化分析。考虑材料的

各向异性,柱状节理岩体的柔度矩阵可以表示为:

$$
\begin{bmatrix} \overline{\varepsilon}_{11} \\ \overline{\varepsilon}_{22} \\ \overline{\varepsilon}_{12} \end{bmatrix} = \begin{bmatrix} \dfrac{1}{E_{11}} & -\dfrac{v_{12}}{E_{11}} & 0 \\ -\dfrac{v_{21}}{E_{22}} & \dfrac{1}{E_{22}} & 0 \\ 0 & 0 & \dfrac{1}{G_{12}} \end{bmatrix} \begin{bmatrix} \overline{\sigma}_{11} \\ \overline{\sigma}_{22} \\ \overline{\sigma}_{12} \end{bmatrix}
\tag{7.53}
$$

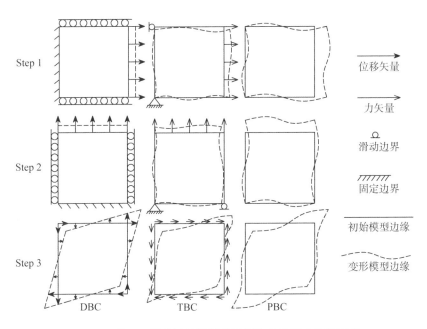

图 7.9　基于不同边界的柱状节理岩体边界等效参数确定

表 7.2　柱状节理不同组分弹性力学参数

材料	弹性模量 E(GPa)	泊松比 v
岩块	65.10	0.21
结构面	1.16	0.31

　　根据数值模拟结果,不同边界条件下第三步的数值模拟结果如图 7.10 所示。对于位移边界条件的结果,边界上变形比较平直。对于应力边界条件,边界上变形弯曲不平。对于周期性边界条件,虽然边界也是弯曲不平的,但是具有严格的周期性,可见本章采用的边界条件施加方法是正确的。此外,柱状节

理岩体在部分岩块上会出现应力集中现象,节理面上的应变明显大于岩块应变。进一步研究了不同网格尺寸对结果的影响如表 7.3 所示。可见当网格尺寸与节理面厚度一致时,网格尺寸对结果的影响较小。

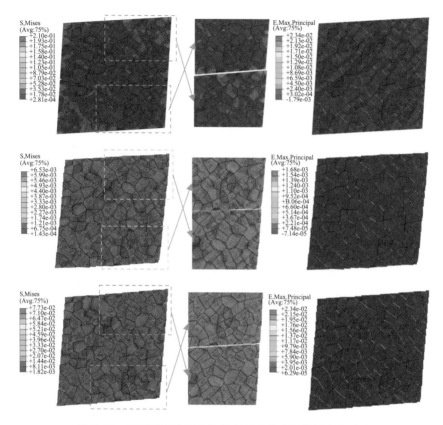

图 7.10   基于不同边界的柱状节理岩体边界等效参数确定

表 7.3   不同网格尺寸对均匀化结果的影响

边界条件	网格(m)	各向异性假定						各向同性	
		E_{11}(GPa)	E_{22}(GPa)	υ_{12}	υ_{21}	G_{12}(GPa)	$r(\%)$	E(GPa)	υ
DBC	0.020	17.21	17.09	0.25	0.24	6.90	0.70	17.15	0.25
	0.010	17.19	17.07	0.25	0.24	6.89	0.72	17.13	0.25
	0.005	17.18	17.05	0.25	0.24	6.87	0.72	17.11	0.25
PBC	0.020	16.47	16.37	0.25	0.25	6.55	0.62	16.42	0.25
	0.010	16.24	16.14	0.25	0.25	6.46	0.61	16.19	0.25
	0.005	16.24	16.14	0.25	0.25	6.45	0.63	16.19	0.25

边界条件	网格(m)	各向异性假定						各向同性	
		E_{11}(GPa)	E_{22}(GPa)	υ_{12}	υ_{21}	G_{12}(GPa)	$r(\%)$	E(GPa)	υ
TBC	0.020	16.04	15.97	0.26	0.26	6.35	0.39	16.01	0.26
	0.010	16.00	15.93	0.26	0.26	6.35	0.38	15.96	0.26
	0.005	15.96	15.90	0.26	0.26	6.35	0.38	15.93	0.26

基于数值均匀化的模拟结果与现场刚性承压板试验结果进行对比,如表
7.4 所示,可见采用数值均匀化得到的结果与现场刚性承压板试验结果相近。
此外边界条件对分析结果也有一定的影响。基于位移边界条件得到的结果略
大于周期性边界和应力边界,其中应力边界条件得到的结果最小。

表 7.4　数值模拟与试验结果对比

参数		E(GPa)	υ
试验结果		16.67	——
数值结果	位移边界	17.13	0.25
	周期性边界	16.19	0.25
	应力边界	15.96	0.26

参考文献

［1］ YUAN Z, FISH J. Toward realization of computational homogenization
in practice[J]. International Journal for Numerical Methods in Engi-
neering, 2008,73: 361-380.

［2］ 黄富华. 周期性复合材料有效性能的均匀化计算[D]. 哈尔滨:哈尔滨工
业大学, 2010.

［3］ BERGER H , KARI S , GABBERT U ,et al. An analytical and numer-
ical approach for calculating effective material coefficients of piezoelec-
tric fiber composites[J]. International Journal of Solids and Structures,
2005,42: 5692-5714.

［4］ GUINOVART-DIAZ R, BRAVO-CASTILLERO J, RODRIGUEZ-
RAMOS R, et al. Modeling of elastic transversely isotropic composite
using the asymptotic homogenization method[J]. Some comparisons

with other models. Materials Letters，2002,56：889-894.

［5］HORI M，NEMAT-NASSER S．On two micromechanics theories for determining micro-macro relations in heterogeneous solids[J]．Mechanics of Materials，1999,31：667-682.

［6］XIA Z，ZHANG Y，ELLYIN F. A unified periodical boundary conditions for representative volume elements of composites and applications [J]．International Journal of Solids and Structures，2003,40：1907 - 1921.

［7］LI S. Boundary conditions for unit cells from periodic microstructures and their implications [J]．Composites Science and Technology，2008，68（9）：1962-1974.

第8章

柱状节理岩体多尺度分析程序

8.1 计算均匀化

基于多尺度分析理论,开发多尺度分析程序。对于宏观工程问题的分析,采用自编有限元程序计算,细观模型采用离散元或有限元计算,然后采用多尺度方法来连接宏观和细观模型的分析。该程序的基本框架如图8.1所示[1]。

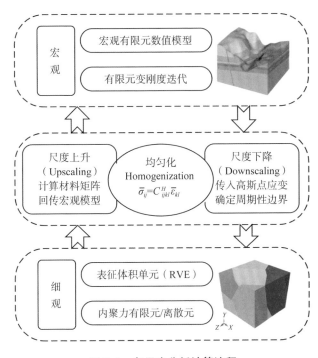

图 8.1 多尺度分析计算流程

8.2 多尺度模型分析

8.2.1 宏观模型分析

本章宏观计算采用隐式有限元计算,非线性有限元主要包括两个方面。材料性能的非线性主要是由本构关系的非线性引起的,但它和线弹性有限元一样,都属于小变形问题,因而关于形函数的选取、应变矩阵、应力矩阵及劲度矩阵的形式都是相同的,不同的仅在于劲度矩阵是按非线性弹性或弹塑性矩阵计算。

几何非线性是结构在荷载作用过程中产生大的位移和转动。如板壳结构的大挠度,此时材料可能仍保持为线弹性状态,但是结构的几何方程必须建立于变形后的状态,以便考虑变形对平衡的影响。同时由于实际发生的大位移、大转动,使几何方程再也不能简化为线性形式,即应变表达式中必须包含位移的二次项。

本章主要针对材料非线性,虽然也有一些弧长法等求解方法,但是一般多采用牛顿-拉夫逊方法(Newton-Raphson method)来求解,主要有常刚度和变刚度两类,如图 8.2 所示。

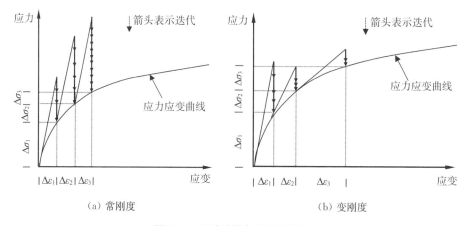

（a）常刚度　　　　　　　　　　（b）变刚度

图 8.2　区域分解与总刚度叠加

在非线性有限元计算中,最重要的是处理应力-应变关系,尤其是涉及塑性和损伤的情况,也称本构积分。常用的处理方法有初应变法和初应力法。

初应变法也称为黏塑性方法,假定存在一个初始应变 ε^p 使得:

$$\sigma = \mathbf{D}(\varepsilon - \varepsilon^p) \tag{8.1}$$

该方法允许材料应力短暂超出屈服面,当应力超出屈服面后材料会发生塑性流动,初应变通过塑性流动得到。塑性流动的速率可以表示为:

$$\varepsilon^{vp} = F\frac{\partial Q}{\partial \sigma} \tag{8.2}$$

式中,F 为屈服函数;Q 为塑性势函数。

根据式(8.2),当材料屈服后会产生一个虚拟的黏性流动。黏性变形可以通过虚拟的时间步迭代计算,其计算公式为:

$$(\delta\varepsilon^{vp})^i = \Delta t \, (\dot{\varepsilon}^{vp})^i \tag{8.3}$$

$$(\Delta\varepsilon^{vp})^i = (\Delta\varepsilon^{vp})^{i-1} + \delta\varepsilon^{vp} \tag{8.4}$$

其中保证计算稳定性的时间步长与屈服函数有关,对于 von Mises 材料模型,其关系式为:

$$\Delta t = \frac{4(1+v)}{3E} \tag{8.5}$$

对于 Mohr-Coulomb 模型,其关系式为:

$$\Delta t = \frac{4(1+v)(1-2v)}{3E(1-2v+\sin^2\phi)} \tag{8.6}$$

其中塑性势函数对应力张量的求导可以进一步计算为:

$$\frac{\partial Q}{\partial \sigma} = \frac{\partial Q}{\partial \sigma_m}\frac{\partial \sigma_m}{\partial \sigma} + \frac{\partial Q}{\partial J_2}\frac{\partial J_2}{\partial \sigma} + \frac{\partial Q}{\partial J_3}\frac{\partial J_3}{\partial \sigma} \tag{8.7}$$

对于每一个时间步的虚拟的塑性流动,对应产生体力节点向量可以计算为:

$$(\boldsymbol{F}_b)^i = (\boldsymbol{F}_b)^{i-1} + \sum_{i=1}^{n}\iint \boldsymbol{B}^{\mathrm{T}}\boldsymbol{D}^e(\delta\varepsilon^{vp})^i \mathrm{d}\Omega \tag{8.8}$$

通过材料的塑性流动产生的体力增量 $(\boldsymbol{F}_b)^i$,可以计算得到位移增量 $(\boldsymbol{U})^i$,当位移增量满足收敛条件时,可以停止计算。初应变法的优点是收敛速度快。但是,其缺点是当应力水平较高时,尤其是应力-应变曲线接近水平时,计算稳定性差。

第二种为初应力法,该方法比初应变法应用更加广泛,尤其是结合回应算法。其核心思想是对于每一个应变增量,当应力超过屈服面时,通过合适的算法将应力拉回屈服面,并预测对应的应力增量和塑性应变。

对于每一个应变增量 $D\varepsilon$,可以分解为弹性和塑性两个部分,其关系式为:

$$\Delta\varepsilon = \Delta\varepsilon^e + \Delta\varepsilon^p \tag{8.9}$$

根据应力应变关系可得:

$$\Delta\sigma = \boldsymbol{D}^e(\Delta\varepsilon - \Delta\varepsilon^p) \tag{8.10}$$

假设塑性应变为 0，增量不全部为弹性应变，计算出对应的应力，当应力值超过屈服面后，在积分点上进行回应修正，通过选择合适的算法如切平面、最近点投影、径向返回等，得到在屈服面上的应力增量 $\Delta\sigma^0$ 和塑性应变 $\Delta\varepsilon^p$，进一步可得体力增量为：

$$(\boldsymbol{F}_b)^i = \sum_{i=1}^{n} \iint \boldsymbol{B}^{\mathrm{T}} [\boldsymbol{D}^e(\Delta\varepsilon) - (\Delta\sigma^0)] \mathrm{d}\Omega \tag{8.11}$$

与初应变法相比，在高应力水平情况下，初应力法计算稳定性较好，有更好的收敛性。

8.2.2 细观模型分析

结合双尺度展开和数值均匀化的基本理论，针对细观模型的分析，与常规数值模型相比最大的区别就是其边界条件为周期性边界条件。常规的有限元分析大多基于等应变或等应力边界条件，例如单轴试验及分级加载流变试验。事实上基于等应变或等应力边界条件的分析结果研究宏观力学特性也是可以的，只是基于等应力边界条件得到的是材料矩阵的下限值；而采用等应变边界条件计算得到的是上限值。以上两种边界条件使得相邻单胞无法同时满足变形协调和应力连续这两个基本要求，因此采用周期性边界条件以同时满足上述两个要求。

多尺度分析程序中细观模型的计算与宏观计算关联密切。首先，通过宏观有限元程序的计算，提取高斯积分点上的应变增量。然后在此基础上将应变增量转化为周期性边界条件。结合 7.3 节所示的方法施加周期性边界条件，开展细观尺度的有限元和离散元模拟。模拟结束后，对结果进行均匀化分析，得到体积平均应力和一致切线刚度矩阵，然后把结果返回到宏观模型的积分点上，从而实现宏观和细观模型的跨尺度关联。

8.3 多尺度程序开发

8.3.1 程序框架

考虑到软件的跨平台特性，本软件采用计算机程序设计语言编写。计算机程序设计语言是一种面向对象的解释型语言。计算机程序设计语言具有丰富和强大的库。它也常被称为胶水语言，能够把用其他语言制作的各种模块（尤其是 C/C++）很轻松地联结在一起。常见的一种应用情形是，使用计算机程序设计语言快速生成程序的原型（有时甚至是程序的最终界面），若对其性能要求特别高，可用 C/C++ 重写，而后封装为计算机程序设计语言可以调用的扩展类库。需要注意的是，在使用扩展类库时可能需要考虑平台问题，某些可能不提供跨平台的实现。

软件界面采用 PyQt 编写，PyQt 是一个创建 GUI 应用程序的工具包。它是计算机程序设计语言和 Qt 库的成功融合。Qt 库是最强大的库之一。Qt-Core 模块包含核心的非 GUI 功能。该模块用于时间、文件和目录、各种数据类型、流、网址、MIME 类型、线程或进程。QtGui 模块包含图形组件和相关的类，例如按钮、窗体、状态栏、工具栏、滚动条、位图、颜色、字体等。QtNetwork 模块包含了网络编程的类，这些类允许编写 TCP/IP 和 UDP 的客户端和服务器，它们使网络编程更简单轻便。QtXml 包含使用 XML 文件的类，这个模块提供了 SAX 和 DOM API 的实现。QtSvg 模块提供显示的 SVG 文件的类。可缩放矢量图形（SVG）是一种用于描述二维图形和图形应用程序的 XML 语言。QtOpenGL 模块使用 OpenGL 库渲染 3D 和 2D 图形，该模块能够无缝集成 Qt 的 GUI 库和 OpenGL 库。

软件的前处理可以选用开源程序 Gmsh 来进行。Gmsh 是一个免费的带有内置前后期处理机制的三维有限元网格生成器。其设计的目标是要提供一个快速轻便的具有可控参数功能和先进的可视化能力的网格生成工具。Gmsh 主要围绕四个单元：几何、网格、求解和后处理。这些可控参数的输入可以在交互式的图形界面方式或在 ASCII 文本文件中使用 Gmsh 自己的脚本语言得以实现。Gmsh 有两种运行方式。第一种运行 Gmsh 的方式是交互式的图形界面方式，只需要在命令行下键入 Gmsh 就可以了。这种方式下，可以在图形界面下进行操作。另外一个运行 Gmsh 的方法是非交互方式，这种方式更加方便，可以直接在命令行上加参数运行。

软件的后处理程序采用 ParaView 和 Tecplot，ParaView 是对二维和三维数据进行分析和可视化的程序，它既是一个应用程序框架，也可以直接使用（turn‐key）。ParaView 支持并行，可以运行于单处理器的工作站，也可以运行于分布式存储器的大型计算机。ParaView 用 C++ 编写，基于

VTK(visualization toolkit)开发,图形用户界面用 Qt 开发,开源、跨平台。
ParaView 用户可以迅速地建立起可视化环境并利用定量或者是定性的手
段去分析数据。

8.3.2　程序并行化

并行(parallelism)是指程序运行时的状态,如果在同时刻有多个"工作单
位"运行,则所运行的程序处于并行状态。图 8.3 是并行程序示例,开始并行
后,程序从主线程分出许多小的线程并同步执行,此时每个线程在各个独立的
CPU 进行运行,在所有线程都运行完成之后,它们会重新合并为主线程,而运
行结果也会进行合并,并交给主线程继续处理。

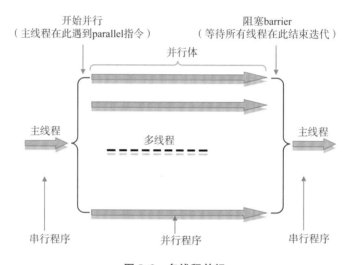

图 8.3　多线程并行

图 8.4 是一个多线程的任务(沿线为线程时间),但它不是并行任务。这是
因为 task1 与 task2 总是不在同一时刻执行,这个情况下单核 CPU 完全可以同
时执行 task1 与 task2。方法是在 task1 不执行的时候立即将 CPU 资源给
task2 用,task2 空闲的时候 CPU 给 task1 用,这样通过时间窗调整任务,即可
实现多线程程序,但 task1 与 task2 并没有同时执行过,所以不能称为并行。可
以称它为并发(concurrency)程序,这个程序一定意义上提升了单个 CPU 的使
用率,所以效率也相对较高。

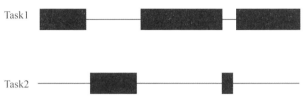

图 8.4　多进程并行

因此计算机程序设计语言并行开发主要有进程与线程两个方面。在面向线程设计的系统(如当代多数操作系统、Linux 2.6 及更新的版本)中,进程本身不是基本运行单位,而是线程的容器。

进程拥有自己独立的内存空间,所属线程可以访问进程的空间。程序本身只是指令、数据及其组织形式的描述,进程才是程序的真正运行实例。例如,Visual Studio 开发环境就是利用一个进程编辑源文件,并利用另一个进程完成编译工作的应用程序。

线程有自己的一组 CPU 指令、寄存器与私有数据区,线程的数据可以与同一进程的线程共享。当前的操作系统是面向线程的,即以线程为基本运行单位,并按线程分配 CPU。

进程与线程有两个主要的不同点,其一是进程包含线程,线程使用进程的内存空间,当然线程也有自己的私有空间,但容量小;其二是进程有各自独立的内存空间,互不干扰,而线程是共享内存空间。

本章采用开源的计算机程序设计语言并行化库 mpi4py 来实现,mpi4py 是一个构建在 MPI 之上的计算机程序设计语言库,它使得计算机程序设计语言的数据结构可以方便地在多进程中传递。mpi4py 是一个很强大的库,它实现了很多 MPI 标准中的接口,包括点对点通信、集合通信、阻塞/非阻塞通信、组间通信等,基本上能用到的 MPI 接口都有相应的实现。它不仅对任何可以被 pickle 的计算机程序设计语言对象,而且对具有单段缓冲区接口的计算机程序设计语言对象如 numpy 数组及内置的 bytes/string/array 等也有很好的支持,并且传递效率很高。它同时还提供了 SWIG 和 F2PY 的接口,在将 C/C++或者 Fortran 程序封装成计算机程序设计语言后仍然能够使用 mpi4py 的对象和接口进行并行处理。

参考文献

[1] MENG Q X, WANG H L, XU W Y, et al. Multiscale strength reduction method for heterogeneous slope using hierarchical FEM/DEM modeling [J]. Computers and Geotechnics，2019，115：103-164.

第9章

白鹤滩水电站岩体工程
多尺度数值仿真

9.1　工程地质概况

白鹤滩水电站是建于金沙江下游攀枝花至宜宾河段的大型混凝土双曲拱坝,是金沙江下游四个梯级水电站的第二级,控制流域面积约 43.03 万 km²(约占金沙江流域面积的 91%),年均流量 4 170 m³/s,年均径流量 1 315 亿 m³。水电站以发电为主要任务,兼具防洪、拦沙、改善金沙江下游通航条件、促进地方经济发展等综合效益。水库正常蓄水位为 825 m,总库容为 206 亿 m³,电站装机容量为 16 000 MW(16×1 000 MW),年均发电量达 624.43 kW·h,可显著改善下游溪洛渡、向家坝等水电站的供电质量。

白鹤滩水电站地势表现为西北高、东南低。左岸为大凉山山脉,高程大于 2 000 m,地形呈阶梯状,发育有崩塌、卸荷、柱状节理岩体等不良地质现象;右岸为药山山脉,高程大于 3 000 m,岸坡较为陡峭,有堆积滚石和崩塌现象。白鹤滩水电站坝区河谷呈不对称的"V"字形,坝区出露地层主要为上二叠统峨眉山玄武岩($P_2\beta$),上游和河谷右岸分布有少量下三叠统飞仙关组碎屑岩(T_3x)和二叠统茅口组灰岩(P_1m),河床及河谷两岸缓坡分布少量第四系坡积物和堆积物。根据玄武岩形成过程中的间断性溢流特征,坝区峨眉山玄武岩可以分为 11 个岩性层,其中柱状节理主要发育在 $P_2\beta_2{}^2$、$P_2\beta_2{}^3$、$P_2\beta_3{}^2$、$P_2\beta_3{}^3$、$P_2\beta_4{}^1$、$P_2\beta_6{}^1$、$P_2\beta_7{}^1$、$P_2\beta_8{}^2$ 这 8 个岩流层内。白鹤滩水电站左岸坝基高程 834～665 m 段为 $P_2\beta_4{}^2$～$P_2\beta_3{}^{3-4}$ 的块状玄武岩(隐晶质玄武岩 60.0%、杏仁状玄武岩 23.4%、角砾熔岩 16.3%),高程 665 m 以下皆为 $P_2\beta_3{}^3$ 层的第一类柱状节理玄武岩;右岸坝基 834～600 m 高程段主要为峨眉山组 $P_2\beta_6{}^2$～$P_2\beta_3{}^{3-4}$ 层(斜斑玄武岩、第三类柱状节理玄武岩、第二类柱状节理玄武岩、隐晶质玄武岩、杏仁状玄武岩、角砾熔岩、凝灰岩);600 m 高程以下河床建基面主要由 $P_2\beta_3{}^3$ 层第一类柱状节理玄武岩和 $P_2\beta_3{}^2$ 层角砾熔岩构成。在上述岩流层中,$P_2\beta_3{}^2$ 和 $P_2\beta_3{}^3$ 两个层流柱状节理非常发育,柱体直径 13～25 cm,长度 2～3 m,同时柱状节理岩体中的微裂隙切割岩体,块度一般在 5 cm 左右,微新岩体呈闭合状。

为研究柱状节理岩体的开挖卸荷行为,采用基于内聚力单元的多重有限元开展坝基开挖卸荷模拟。结合白鹤滩水电站地质模型建立宏观有限元模型,对于柱状节理岩体部分,采用第 3 章提出的限制重心 Voronoi 算法建立具有周期性结构的柱状节理岩体模型，对于岩体之间的结构面采用第 6 章提出的零厚度内聚力单元模拟。结合上述研究方法和技术，开展基于多重有限元（FE²）的坝基岩体开挖卸荷多尺度分析。

9.2　柱状节理岩体工程宏细观数值模型

9.2.1　宏观模型

在白鹤滩坝基岩体多尺度开挖卸荷模拟中，宏观模型的建立与常规有限元分析一致。本章基于三维 CAD 资料，结合现场工程踏勘，建立了白鹤滩坝基岩体宏观力学模型。由于多尺度数值模拟需要大量的计算资源，尤其是对于三维情况。为简化计算和突出主要问题，如图 9.1 所示，本章采用二维剖面模型，来开展白鹤滩坝基柱状节理岩体开挖卸荷模拟研究。在该模型中，对于非柱状节理岩体部分采用常规的 Mohr-Coulomb 力学模型，对于柱状节理岩体部分采用基于零厚度内聚力单元的有限元模拟。为进一步降低计算时间，对于柱状节理部分的计算采用缩减积分单元，即每一个单元仅存在一个积分点。为表征柱状节理开挖的多尺度特征，本章选取左岸坝基建基面上高程 650 m 的点作为特征点。

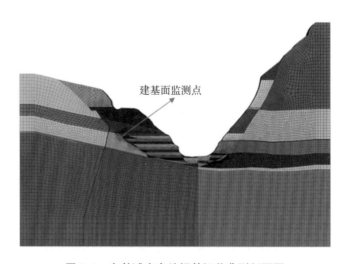

图 9.1　白鹤滩水电站坝基河谷典型剖面图

9.2.2 细观模型

对于白鹤滩柱状节理岩体细观模型,采用第3章建立的基于改进限制重心 Voronoi 算法的重构技术。采用重构算法得到的柱状节理岩体模型如图9.2 (a)所示,将线框模型写入非线性有限元分析软件构建岩块模型如图9.2(b)所示,该模型有岩块19个。进一步对岩块模型进行网格剖分,对每一个岩块进行分组,得到网格模型如图9.2(c)所示。假设岩块强度较高,在开挖过程中不考虑岩块的破坏,因此仅仅需要在岩块之间嵌入内聚力单元。采用第6章开发的内聚力单元嵌入技术,得到岩块之间的零厚度内聚力单元分布如图9.2(d)所示。

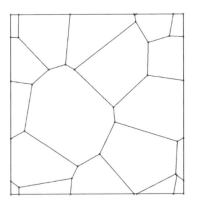

(a) 基于限制重心 Voronoi 算法的线框模型

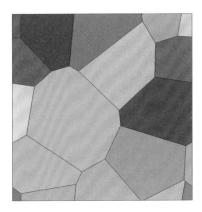

(b) 岩块几何模型

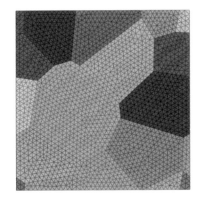

(c) 柱状节理岩体网格模型

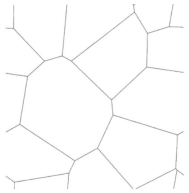

(d) 岩块之间零厚度内聚力单元

图 9.2　柱状节理岩体细观模型建立

本章中内聚力单元的本构模型采用第 6 章建立的自定义内聚力模型单元开展计算。与非线性有限元分析软件自带的内聚力模型相比,该模型可以较好地描述岩体结构面张开、滑移和扩展等行为。模型参数通过与现场承压板试验进行标定确定,采用单元法进行参数反分析,计算得到内聚力单元的基本力学参数如表 9.1 所示。

表 9.1　零厚度内聚力单元模型参数

参数	初值	终值
ϕ_n,ϕ_t	0.13,0.80	0.09,0.82
σ_n,τ_t	0.45,0.45	0.12,0.65
α,β	5.0,5.0	0.76,1.73
λ_n,λ_t	0.10,0.04	0.32,0.68
s,u	2.00,0.77	1.88,0.67

9.3　坝基开挖卸荷变形分析

（1）初始的应力场

考虑横河向挤压和金沙江河谷下切,反演确定白鹤滩坝基开挖的初始地应力场。为模拟金沙江河谷下切过程,本章建立了如图 9.3(a)所示的网格模型,实现河谷下切过程的模拟如图 9.3(b)所示,最终得到的地应力如图 9.3(c)、图 9.3(d)所示。

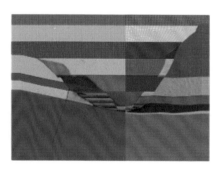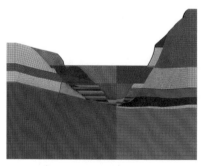

（a）地应力反演模型　　　　　　　　　　　　（b）河谷下切

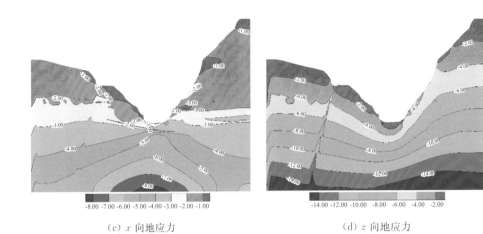

（c）x 向地应力   （d）z 向地应力

图 9.3　坝基地应力平衡

由此可见受地表剥蚀和河谷下切作用，地表局部表现为拉应力，往深部主要表现为压应力。受软弱夹层影响，地应力在夹层附近表现出不连续和错动现象。另外，地质和地形上的不对称使得白鹤滩水电站坝址区两岸山体的地应力状态存在一定的差异，左岸测点的地应力测值普遍低于右岸，这与左岸山体埋深小、受到断层切割有一定关系。

（2）坝基开挖宏细观力学响应与验证

为研究柱状节理岩体的开挖卸荷特性，本章同时展示了坝基的整体开挖变形和坝基柱状节理岩体特征点。根据施工日志，分多个梯段开挖，单个开挖梯段 8.5～10 m。由于开挖步较多，选取了三个典型的开挖步，即开挖高程为 670 m、640 m 和 540 m 来分析坝基柱状节理岩体开挖卸荷的多尺度力学响应。坝基开挖的整体位移分布云图和特征点上高斯积分点对应的表征体积单元变形如图 9.4 所示。

从坝基开挖宏观变形来看，当开挖高程为 670 m，第一步开挖后，右岸边坡位移一般在 14～36 mm，高程 670 m 开挖平台位移相对较大，为 36.0 mm；左岸边坡位移一般在 14～32 mm，最大位移位于 670 m 高程平台，为 32.65 mm。当开挖高程为 640 m，左岸坝基边坡和河谷出露柱状节理岩体。右岸坝基边坡位移较左岸大，右岸边坡位移在 26～43 mm，左岸坝基边坡位移为 14～32 mm，河谷柱状节理岩体高程 640 m 开挖平台面位移较大，为 43.67 mm。当开挖高程为 540 m 时，左右岸柱状节理岩体均已出露，坝基河床部位柱状节

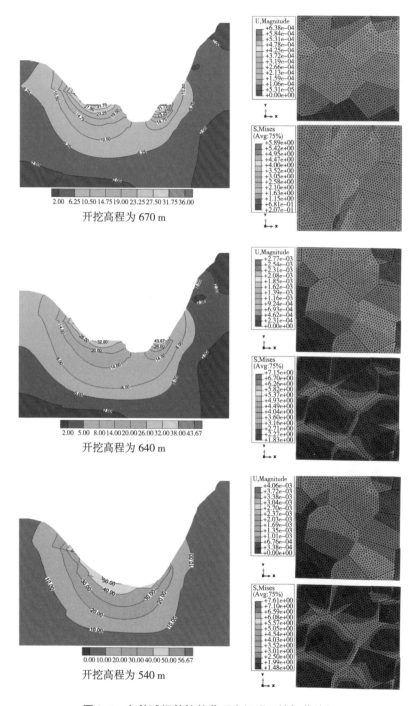

图 9.4　白鹤滩坝基柱状节理宏细观开挖卸荷特征

理岩体已全部挖除至角砾熔岩。左、右岸坝基边坡位移较高程 640 m 开挖时均有所增大,位移分别在 30～56 mm 及 25～40 mm;坝基河床变形量较大的柱状节理岩体挖除后,左岸坝基柱状节理岩体出露部位位移为 20～25 mm,右岸坝基柱状节理岩体出露部位位移为 20～35 mm。

从开挖面上细观表征体积单元的变形来看,当开挖高程为 670 m 时,由于柱状节理岩体尚未出露,柱状节理大变形较小,主要表现出轻微的回弹变形。局部由于块体搓动产生应力集中现象,但是不显著。当开挖高程为 640 m 时,柱状节理岩体已经出露。表征体积单元的变形主要从回弹变形转变为向临空面方向的变形,变形量明显大于开挖高程为 670 m 的情况。岩块内部应力释放明显,而且小于开挖高程为 670 m 的情形。当开挖高程为 540 m 时,即开挖完成后,柱状节理岩体表征单元体的变形进一步加大,变形趋势与开挖高程为 640 m 时一致,主要表现为向临空面的变形。岩块内部应力释放现象明显,局部出现拉裂带。

附 录

主函数：Main. py

```python
# - * - coding：utf-8 - * -
from abaqus import *
from abaqusConstants import *
from numpy import *
from math import *
from math import sqrt
import string
import random
import os
# Parameters for the Path
# Warning：you should change the path D：\Temp\VoroRock
# to your own beofore running the code
dirpath='D：\Temp\VoroRock'

# Parameters for columnar jointed rock ; See detail in the paper
Jd=20. 15;Jt=0. 01;CV=0. 40 #0. 441 8
# Prameters for the model domain
domain=(1,1)
# parameter for periodicity 1 is with periodic 0 is no periodity
isperiodic=1
#Convergence error of CV
cv_error=0. 01
# Small edge remove error using regulization
edge_error=0. 05

os. chdir(dirpath)
from subrutine import *

'''
Part - 1：Generate the seeds and voronoi diagram with the specified Jd Jt
```

and CV using modified Lloyd's iteration

cv_error is judging the convergence of iteration

edge_error is judging the regulization

rcv is the cv during the iteration

'''

\# Modified Lloyd's iteration to cv

\# cv_error=0. 01 \#0. 002

points=generate_random_seed(domain,Jd)

bound = [(0. , 0.), (0. , domain[1]), (domain[0], domain[1]), (domain[0], 0.)]

[points,rcv,iter_num]=iteration_lloyd_cv(bound, points, CV, cv_error);

print ('Convergenced with %d iterations' % (iter_num))

print 'CV during iteration is:'

print rcv

\# Generated periodic structure

if isperiodic==1:

point2=generate_new_seed(domain,points)

nbound2=generate_new_domain(domain)

else:

point2=points

nbound2=bound

voronoi2 = bounded_voronoi(nbound2, point2)

\# Remove small edge using regulization

\#edge_error=0. 05

[node_origin, node_new, voronoi2] = regulization (voronoi2, nbound2, edge_error)

while len(node_origin)>0:

[node_origin, node_new, voronoi2] = regulization (voronoi2, nbound2, edge_error)

\# Add thickness based on Jt using polygon offset

```
offset=polygon_offset(voronoi2,point2,nbound2,Jt)


'''
Part - 2: Generate the numerical model in abaqus
Three sketches are generate s0 s1 sr
s0 for the initial diagram without offset
s1 for the diagram after offset
sd for the domain
'''
vpName = session. currentViewportName
modelName = session. sessionState[vpName]['modelName']
myModel = mdb. models[modelName]
s0 = myModel. ConstrainedSketch(name= 'Sketch Ini', sheetSize=
200. 0)
s1 = myModel. ConstrainedSketch(name= 'Sketch offset', sheetSize=
200. 0)
sr = myModel. ConstrainedSketch(name= 'Sketch Domain', sheet-
Size=200. 0)
    # Draw domain in the abaqus
sr. rectangle(point1=(0. 0, 0. 0), point2=(domain[0], domain[1]))
    # Draw initial digram in abaqus
drawVoronoi(voronoi2,s0)
    # Draw offset digram in abaqus
drawVoronoi(offset,s1)
    # Generate Part-IniRock
myModel. convertAllSketches()
p = myModel. Part(name="IniRock", dimensionality=TWO_D_PLA-
NAR,type=DEFORMABLE_BODY)
    p. BaseShell(sketch=sr)
f = p. faces
pickedFaces = f. getSequenceFromMask(mask=('[#1]', ), )
```

```
            p. PartitionFaceBySketch(faces=pickedFaces, sketch=s0)
            ♯ Generate Part-JointRock
            myModel. convertAllSketches()
            p = myModel. Part(name="JointRock", dimensionality=TWO_D_
PLANAR, type=DEFORMABLE_BODY)
            p. BaseShell(sketch=sr)
            f = p. faces
            pickedFaces = f. getSequenceFromMask(mask=('[♯1]',),)
            p. PartitionFaceBySketch(faces=pickedFaces, sketch=s1)
            mdb. saveAs(pathName='column_ jointed_rock. cae')
            '''
```

Part - 3: Generate the numerical model in 颗粒流分析软件 and 二维离散元软件

For 颗粒流分析软件 model, two files is generate, one for the generation of homogeneous model

and another for generate the joint as fracture
```
            '''
            partname='IniRock'
            filename='Joint_rock. p2dat'
            Joint_to_颗粒流分析软件(mdb, partname, filename, domain)
            print 'Write file to 颗粒流分析软件 is OK'
            partname='IniRock'
            filename='Joint_rock. uddat'
            print 'Write file to 二维离散元软件 is OK'
            Joint_to_二维离散元软件(mdb, partname, filename, domain)
            print 'Finish, have a nice day!'
```

子程序:Subroutine. py
```
            ♯ - * - coding: utf-8 - * -


            from math import sqrt
```

```python
import random
# lines are stored in (point, slope) form, where slope==None for ver-
tical
# polygons are stored as a clockwise list of vertices
# all polygons are assumed to be convex
def bounded_voronoi(bounding_polygon, point_set):
    """Returns a [point]->[polygon] hash, where:
        -the point is from point_set,
        -polygon is the points of point's voronoi polygon
    All points in point_set should be contained in bounding_polygon.
    """
    polygons = {}
    for point in point_set:
        bound = bounding_polygon
        for other_point in point_set:
            if other_point == point:
                continue
            hp = halfplane(point, other_point)
            bound = polygon_intersect_halfplane(bound, hp)
        polygons[point] = bound
    return polygons


def update_diagram(diagram, new_point, bounding_polygon):
    point_set = diagram.keys()
    changed = []
    for point in point_set:
        bound = diagram[point]
        hp = halfplane(point, new_point)
        new_bound = polygon_intersect_halfplane(bound, hp)
        if bound != new_bound:
            diagram[point] = new_bound
```

```
            changed.append(point)
        bound = bounding_polygon
        for other_point in point_set：
            hp = halfplane(new_point, other_point)
            bound = polygon_intersect_halfplane(bound, hp)
        diagram[new_point] = bound


def halfplane(inner_point, outer_point)：
    """Returns a pair (line, {' lt' |' gt' }), where ' lt' means that inner
_point is
        below the line (or to the left for a vertical line), and the line is the
        perpendicular bisector of the segment defined by the two given
points.
        """
    mp = midpoint(inner_point, outer_point)
    s = slope(inner_point, outer_point)
    if s == None：
        new_slope = 0
    elif s == 0：
        new_slope = None
    else：
        new_slope = -(1/s)
    perpendicular_bisector = (mp, new_slope)
    if new_slope == None：
        if inner_point[0] < mp[0]：
            half = 'lt'
        else：
            half = 'gt'
        return (perpendicular_bisector, half)
    inner_b = inner_point[1]-inner_point[0] * new_slope
    real_b = mp[1]-mp[0] * new_slope
```

```
            if inner_b < real_b:
                half = ' lt'
            else:
                half = ' gt'
            return (perpendicular_bisector, half)


    def polygon_intersect_halfplane(polygon, halfplane):
        """Returns a new polygon which is the intersection of the two argu-
ments.
        This is not general use: it assumes that there is a nonempty inter-
section.
        """
            n = len(polygon)
            point_locations = []
    # print "polygon_intersect_halfplane: polygon", polygon
            # print "polygon_intersect_halfplane: halfplane", halfplane
            for point in polygon:
                point_locations.append(point_in_halfplane(point, halfplane))
            if len(filter(bool, point_locations)) == n:
                return polygon
            while not (point_locations[0] and not point_locations[-1]):
    # print point_locations
                # print polygon
                point_locations = lshift_list(point_locations)
                polygon = lshift_list(polygon)
            # print "polygon_intersect_halfplane: polygon", polygon
            # print "polygon_intersect_halfplane: point_locations", point_loca-
tions
        new_polygon = []
            intersects = 0
            for p in range(n):
```

```
#print "P=", p
if point_locations[p]:
    new_polygon. append(polygon[p])
elif intersects == 0:
    intersects = 1
    if point_locations[p] == None:
        new_polygon. append(polygon[p])
    else:
        segment = (polygon[p-1], polygon[p])
        line = halfplane[0]
        new_point = segment_intersect_line(segment, line)
        new_polygon. append(new_point)
if p == n-1:
    #print "On the last point of the polygon"
    if point_locations[p] == None:
        #print " And it' s a None"
        new_point = polygon[p]
        if new_point ! = new_polygon[-1]:
            new_polygon. append(new_point)
            #print "   And it was appended"
    else:
        #print " And it isn' t a None"
        segment = (polygon[p], polygon[0])
        line = halfplane[0]
        new_point = segment_intersect_line(segment, line)
        if new_point == None:
            print "ERROR"
            print "Found no intersection between segment and
line"

            print segment, line
        new_polygon. append(new_point)
```

```python
    # print "————returning from polygon_intersect halfplane————"
    return new_polygon


def lshift_list(l):
    end = l[0]
    l = l[1:]
    l.append(end)
    return l


def point_in_halfplane(point, halfplane):
    # print "point_in_halfplane: point, halfplane", point, halfplane
    # special case: vertical line
    if halfplane[0][1] == None:
        x = halfplane[0][0][0]
        if halfplane[1] == 'lt':
            if point[0] < x:
                return True
            elif point[0] == x:
                return None
            else:
                return False
        else:
            if point[0] > x:
                return True
            elif point[0] == x:
                return None
            else:
                return False
    # otherwise: not vertical...
    real_b = halfplane[0][0][1]-halfplane[0][0][0] * halfplane[0][1]
    point_b = point[1]-point[0] * halfplane[0][1]
```

```
        if halfplane[1] == 'lt' :
            if point_b < real_b:
                return True
        else:
            if point_b > real_b:
                return True
        if real_b == point_b:
            return None
        return False


def segment_intersect_line(segment, line):
    # returns either a point (x, y) or None; endpoints not included
    seg_line = (segment[0], slope(segment[0], segment[1]))
    intersection = line_intersect(seg_line, line)
    if intersection == None:
        return None
    if point_on_segment(intersection, segment):
        return intersection
    else:
        return None


def line_intersect(l1, l2):
    #  test le coefficient directeur
    if l1[1] == l2[1]:
        return None
    ((x1, y1), m1) = l1
    ((x2, y2), m2) = l2
    if m1 == None:
        x = x1
        y = m2 * (x-x2)+y2
        return (x, y)
```

```python
        if m2 == None:
            x = x2
            y = m1 * (x−x1)+y1
            return (x, y)
    x = (m1 * x1−y1−m2 * x2+y2)/(m1−m2)
        y = m1 * (x−x1)+y1
    return (x, y)


def point_on_segment(point, segment):
        # IMPORTANT: the point is assumed to be on the line defined by
the segment
        d1 = dist(segment[0], segment[1])
        d2 = dist(point, segment[0])
        d3 = dist(point, segment[1])
        return ((d3 <= d1) and (d2 <= d1))


def dist(p1, p2):
        return sqrt((p1[0]−p2[0]) * * 2 + (p1[1]−p2[1]) * * 2)


def midpoint(p1, p2):
        return ((p1[0]+p2[0])/2, (p1[1]+p2[1])/2)


def normalize(v):
        length = sqrt(v[0] * * 2 + v[1] * * 2)
        v=(v[0]/length, v[1]/length)
        return v


def slope(p1, p2):
        if (p2[0] == p1[0]):
                # special case: vertical line
                return None
```

附　录　**171**

```
        return (p2[1]－p1[1])/(p2[0]－p1[0])


    #～～～～～～～～～～～～～～～～～～～～～～～～～～～～～～～
    def point_on_bound(pt,bound):
        for i in range(0,len(bound)－1):
            seg1＝(bound[i],bound[i+1])
            a1＝slope(pt,bound[i+1])
            a2＝slope(bound[i],pt)
            if(a1＝＝a2 and point_on_segment(pt,seg1)):
                return True
        seg1＝(bound[len(bound)－1],bound[0])
        a1＝slope(pt,bound[len(bound)－1])
        a2＝slope(bound[0],pt)
        if(a1＝＝a2 and point_on_segment(pt,seg1)):
            return True
        return False


def drawVoronoi(voronoi,s):

    points＝voronoi.keys()
for i in range(0,len(points)):#len(points)
        #if (i%100＝＝0):
        #    print 'Voro-num '＋str(i)＋'/'＋str(len(points))
        poly ＝ voronoi[points[i]]
        if(len(poly)＞0):
            for j in range(0,len(poly)－1):
                s.Line(poly[j+1],poly[j])
            s.Line(poly[len(poly)－1],poly[0])



    #～～～～～～～～～～～～～～～～～～～～～～～～～～～～～～
    def pointsInBound(point,bound):
```

```python
    if((point[0]>=bound[0][0]) and (point[0]<=bound[2][0]) and
(point[1]>=bound[0][1]) and (point[1]<=bound[1][1])):
        return True
    else:
        return False


#~~~~~~~~~~~~~~~~~~~~~~~~~~~~~~~~~~~~~~~~~~~
def lineInBound(line,bound):
    point1=line[0]
    point2=line[1]
    if(pointsInBound(point1,bound)): return True
    if(pointsInBound(point2,bound)): return True
ml1=slope(point1,point2)
    l1=(point1, ml1)
for i in (0,3):
        if(i<3):
            seg=(bound[i],bound[i+1])
        else:
            seg=(bound[i],bound[0])
        pt3=segment_intersect_line(seg,l1)
        if(pt3! = None):
            if point_on_segment(pt3, line):
                return True
    return False


#~~~~~~~~~~~~~~~~~~~~~~~~~~~~~~~~~~~~~~~~~~~
def removePoints(voronoi,points,thepoint,eps):
    for i in range(0,len(points)):
        poly = voronoi[points[i]]
        npoly=len(poly)
        j=0
```

```
        while (j<npoly):
            d=dist(poly[j],thepoint)
            if(d<eps):
                voronoi[points[i]][j]=thepoint
            j=j+1
    #  suppression des redondances
    for i in range(0,len(points)):
        poly = voronoi[points[i]]
        npoly=len(poly)
        j=0
        while (j<npoly):
            d=dist(poly[j],thepoint)
            if(j==len(poly)-1):
                d=dist(poly[j],poly[0])
            else:
                d=dist(poly[j+1],poly[j])
            if(d<1.e-10):
                voronoi[points[i]].remove(poly[j])
                npoly=npoly-1
            j=j+1
    return voronoi


#~~~~~~~~~~~~~~~~~~~~~~~~~~~~~~~~~~~~~~~
def verifVoronoi(voronoi,points,eps):
    for i in range(0,len(points)):
        poly = voronoi[points[i]]
        npoly=len(poly)
        j=0
        while (j<npoly):
            if(j==npoly-1):
                d=dist(poly[j],poly[0])
```

```
        else:
            d=dist(poly[j+1],poly[j])
        if(d<eps):
            thepoint=poly[j]
            voronoi[points[i]].remove(poly[j])
            voronoi=removePoints(voronoi,points,thepoint,eps)
            poly = voronoi[points[i]]
            npoly=len(poly)
        j=j+1
    return voronoi


#~~~~~~~~~~~~~~~~~~~~~~~~~~~~~~~~~~~~~~~~~~~
def pointsinlist(pt,liste):
    for i in range(0,len(liste)):
        if(dist(pt,liste[i])<1.e-4): return True
    return False


#~~~~~~~~~~~~~~~~~~~~~~~~~~~~~~~~~~~~~~~~~~~
# search the segment sharing the prev node in a list
def findnextseg(prev,seglist):
    for i in range(0,len(seglist)):
        seg=seglist[i]
        if(dist(prev,seg[0])<1.e-4):
            next=seg[1]
            return True,next,i
    for i in range(0,len(seglist)):
        seg=seglist[i]
        if(dist(prev,seg[1])<1.e-4):
            next=seg[0]
            return True,next,i
    return False,None,0
```

```
# ~~~~~~~~~~~~~~~~~~~~~~~~~~~~~~~~~~~~~~~~
# Check the self intersection of polygon
def check_poly(newpointj):
newpointj. append(newpointj[0])
newpointj. append(newpointj[1])
lg2=[]
clock=[]
newpointf=[]
for j in range(len(newpointj)-2):
  pt1=midpoint(newpointj[j],newpointj[j+1])
  ml1=slope(newpointj[j],newpointj[j+1])
  lig=(pt1,ml1)
  lg2. append(lig)
  vect1=(newpointj[j+1][0]-newpointj[j][0], newpointj[j+1][1]-
newpointj[j][1])
  vect2=(newpointj[j+2][0]-newpointj[j+1][0], newpointj[j+2]
[1]-newpointj[j+1][1])
  clock. append(vect1[0] * vect2[1]-vect1[1] * vect2[0])
lg2. append(lg2[0])
if clock[0]<0:
  newpointf. append(newpointj[1])
  for j in range(1,len(clock)):
   if clock[j]>0:
     ap=line_intersect(lg2[j+0], lg2[j+2])
     newpointf. append(ap)
     clock[j+1]=0
   elif clock[j]<0:
     newpointf. append(newpointj[j+1])
     if clock[0]>0:
   if clock[1]>0:
     ap=line_intersect(lg2[0], lg2[2])
```

```
    newpointf. append(ap)
  for j in range(2,len(clock)):
    if clock[j]>0:
     ap=line_intersect(lg2[j+0], lg2[j+2])
     newpointf. append(ap)
     clock[j+1]=0
    elif clock[j]<0:
     newpointf. append(newpointj[j+1])
  if clock[1]<0:
   ap=line_intersect(lg2[0], lg2[len(lg2)-2])
   newpointf. append(ap)
   for j in range(1,len(clock)):
    if clock[j]>0:
     ap=line_intersect(lg2[j+0], lg2[j+2])
     newpointf. append(ap)
     clock[j+1]=0
    elif clock[j]<0:
     newpointf. append(newpointj[j+1])
del newpointj[len(newpointj)-1]
return newpointf


# Remove the short edges less than error
def regulization(voronoi, bound, error):
    # Voronoi delete small edge
    #print str(len(voronoi))
    points=list(voronoi. keys())
    for i in range(0,len(points)):
        poly=voronoi[points[i]]
        for j in range(0,len(poly)):
            poly[j]=(round(poly[j][0],5),round(poly[j][1],5))
        voronoi[points[i]]=poly
```

```
#print str(len(points))
node_origin=points[0:0]
node_new=points[0:0]
for i in range(0,len(points)):
    poly=voronoi[points[i]]
    #print str(len(poly))
    poly.append(poly[0])
    for j in range(0,len(poly)-1):
        vect=(poly[j+1][0]-poly[j][0],poly[j+1][1]-poly[j][1])
        edge_length=sqrt(vect[0]**2+vect[1]**2)
        center=((poly[j+1][0]+poly[j][0])/2,(poly[j+1][1]+poly[j][1])/2)
        center=check_bound(center,bound,0.001)
        if edge_length<error:
            if poly[j] not in node_origin:
                #print 'ok'
                node_origin.append(poly[j]);node_new.append(center);
            if poly[j+1] not in node_origin:
                node_origin.append(poly[j+1]);node_new.append(center);
#print 'node_origin length is'+str(len(node_origin))
for i in range(0,len(points)):
    poly=voronoi[points[i]]
    poly2=poly[0:0]
    for j in range(0,len(poly)):
        if poly[j] in node_origin:
            pt=node_new[node_origin.index(poly[j])]
            if pt not in poly2:
                poly2.append(pt)
```

```python
        else:
            if poly[j] not in poly2:
                poly2.append(poly[j])
        voronoi[points[i]]=poly2
    return node_origin,node_new,voronoi


def check_bound(point,bound,error):
    # check the point at the boundary
    if abs(point[0]-bound[0][0])<error:
        point=(bound[0][0],point[1])
    elif abs(point[0]-bound[2][0])<error:
        point=(bound[2][0],point[1])

    if abs(point[1]-bound[0][1])<error:
        point=(point[0],bound[0][1])
    elif abs(point[1]-bound[2][1])<error:
        point=(point[0],bound[2][1])

    return point


# generate n random points in domain
def generate_random_seed(domain,Jd):
    points = []
    num=int(Jd * domain[0] * domain[1])
    for i in range(num):
        newpoint = (random.uniform(0,domain[0]), random.uniform
(0,domain[1]))
        points.append(newpoint)
    return points
```

```
# generate 9 * n points in 3R * 3R domain
def generate_new_seed(domain,points):
    point2=[]
    for i in range(0,len(points)):
        newpoint=points[i]
        for ix in (-1,1,0):
            for iy in (1,-1,0):

                pointadd=(newpoint[0]+float(ix) * domain[0],newpoint[1]+float(iy) * domain[1])
                point2.append(pointadd)
    return point2


# generate new 3R * 3R domain
def generate_new_domain(domain):
    bound = [(0. , 0. ), (0. , domain[1]), (domain[0], domain[1]), (domain[0], 0. )]
    domain2 = [(-bound[2][0],-bound[2][1]), (-bound[2][0], 2. * bound[2][1]), (2. * bound[2][0],2. * bound[2][1]), (2. * bound[2][0],-bound[2][1])]
    return domain2


# get the centroid and area of a polygon
def get_centroid_area(poly):
    poly.append(poly[0])
    s=0;gx=0;gy=0;tmp=0
    for i in range(len(poly)-1):
        tmp=0.5 * (poly[i][0] * poly[i+1][1]-poly[i+1][0] * poly[i][1])
        #tmp=abs(tmp)
        gx=gx+tmp * (poly[i][0]+poly[i+1][0])/3
```

$$gy = gy + tmp * (poly[i][1] + poly[i+1][1])/3$$

```
            s=s+tmp
            gx=gx/s
            gy=gy/s
            del poly[len(poly)-1]
            return (gx,gy),abs(s)




# get the centroid and coefficient of varaiation of voronoi diagram
def get_cv_ct(voronoi,points):
        import numpy as np
        Clist=[]
        Slist=[]
        for i in range(len(points)):
                poly = voronoi[points[i]]
                [centre,s]=get_centroid_area(poly)
                Clist.append(centre)
                Slist.append(s)
        arr_std = np.std(Slist,ddof=1)
        arr_mean = np.mean(Slist)
        cv=arr_std/arr_mean
        return cv,Clist


# add for two lists
def list_add_mean(a,b):
    c = []
    for i in range(len(a)):
            c.append((a[i][0]/2+b[i][0]/2,a[i][1]/2+b[i][1]/2))
    return c


# modified Lloyd's iteration for a specified CV
```

```python
def iteration_lloyd_cv(bound,points,CV,error):
    rcv=[]
    pt=[]
    voronoi = bounded_voronoi(bound, points)
    [tcv,ct]=get_cv_ct(voronoi,points)
    rcv. append(tcv)
    iter_num=1
    while abs(tcv-CV)>error:
        if tcv>CV:
            pt=points
            points=ct
        else:
            points=list_add_mean(points,pt)
        voronoi = bounded_voronoi(bound, points)
        [tcv,ct]=get_cv_ct(voronoi,points)
        rcv. append(tcv)
        iter_num=iter_num+1
    return points,rcv,iter_num


# Add joint thickness using polygon offset
def polygon_offset(voronoi2,point2,nbound2,Jt):
    offset={}
    for i in range(0,len(point2)):
        point=point2[i]
        #if (i%20==0):
        #print ' Grain-num '+str(i)+'/'+str(len(point2))
        poly=[]
        poly = voronoi2[point2[i]]
        lg=[]
        lg1=[]
        lg2=[]
```

```python
        for j in range(0,len(poly)-1):
            if (point_on_bound(poly[j],nbound2) and point_on_
bound(poly[j+1],nbound2)):
                scalar=0.0
            else:
                scalar=1.0

            pointmil=midpoint(poly[j],poly[j+1])
            vect=(poly[j+1][0]-poly[j][0], poly[j+1][1]-poly[j][1])
            vect=normalize(vect);    ml1=slope(poly[j],poly[j+1])
            ptl=(pointmil[0]+scalar * (Jt/2.0) * vect[1],pointmil[1]-
scalar * (Jt/2.0) * vect[0] )
            lig=(ptl,ml1)
            lig1=(pointmil[0],pointmil[1],scalar)
            lg.append(lig)
            lg1.append(lig1)

        if(point_on_bound(poly[len(poly)-1],nbound2) and point_
on_bound(poly[0],nbound2)):
            scalar=0.0
        else:
            scalar=1.0

        pointmil=midpoint(poly[len(poly)-1],poly[0])
        vect = (poly[len(poly)-1][0]-poly[0][0], poly[len
(poly)-1][1]-poly[0][1])
        vect=normalize(vect)
        ml1=slope(poly[len(poly)-1],poly[0])
        ptl = (pointmil[0]-scalar * (Jt/2.0) * vect[1], pointmil
[1]+scalar * (Jt/2.0) * vect[0])
        lig=(ptl,ml1)
```

```
        lg. append(lig)


        newpointj=[]
        newpointf=[]
        for j in range(0,len(lg)-1):
            ap=line_intersect(lg[j], lg[j+1])
            if(ap! =None):          newpointj. append(ap)


        ap=line_intersect(lg[len(lg)-1], lg[0])
        if(ap! =None):
            newpointj. append(ap)
        # Judge the self intersect
        newpointf=check_poly(newpointj)
        offset[point]=newpointf
    return offset
# Add joint thickness using polygon offset
def polygon_offset2(voronoi2,point2,nbound2,Jt):
    offset={}
    for i in range(0,len(point2)):
        point=point2[i]
        if (abs(point[0]+nbound2[0][0]/2)<abs(nbound2[0][0]/
2)*1.25) and (abs(point[1]+nbound2[0][1]/2)<abs(nbound2[0][1]/
2)*1.25):
            #if (i%20==0):
            #print ' Grain-num '+str(i)+'/'+str(len(point2))
            poly=[]
            poly = voronoi2[point2[i]]
            lg=[]
            lg1=[]
            lg2=[]
            for j in range(0,len(poly)-1):
```

```
            if (point_on_bound(poly[j],nbound2) and point_on_
bound(poly[j+1],nbound2)):
                scalar=0.0
        else:
                scalar=1.0


        pointmil=midpoint(poly[j],poly[j+1])
        vect=(poly[j+1][0]−poly[j][0], poly[j+1][1]−poly[j][1])
        vect=normalize(vect);    ml1=slope(poly[j],poly[j+1])
        ptl=(pointmil[0]+scalar * (Jt/2.0) * vect[1],pointmil[1]−
scalar * (Jt/2.0) * vect[0] )
        lig=(ptl,ml1)
        lig1=(pointmil[0],pointmil[1],scalar)
        lg.append(lig)
        lg1.append(lig1)


    if(point_on_bound(poly[len(poly)−1],nbound2) and point_on_
bound(poly[0],nbound2)):
            scalar=0.0
        else:
            scalar=1.0


        pointmil=midpoint(poly[len(poly)−1],poly[0])
        vect=(poly[len(poly)−1][0]−poly[0][0], poly[len(poly)−1]
[1]−poly    [0][1])
        vect=normalize(vect)
        ml1=slope(poly[len(poly)−1],poly[0])
        ptl=(pointmil[0]−scalar * (Jt/2.0) * vect[1], pointmil[1]+sca-
lar * (Jt/2.0) * vect[0])
        lig=(ptl,ml1)
        lg.append(lig)
```

```
            newpointj=[]
            newpointf=[]
            for j in range(0,len(lg)-1):
                ap=line_intersect(lg[j], lg[j+1])
                if(ap! =None):        newpointj. append(ap)

            ap=line_intersect(lg[len(lg)-1], lg[0])
            if(ap! =None):
                newpointj. append(ap)
            # Judge the self intersect
            newpointf=check_poly(newpointj)
            offset[point]=newpointf
    return offset


# Export to 颗粒流分析软件 version 6.0
# Get the direction and length of a line
def direct_scale(line):
    from math import acos
    from math import pi
    if line[1]>line[3]:
        line=[line[2],line[3],line[0],line[1]];
    direct=[line[2]-line[0],line[3]-line[1]];
    scale=sqrt(direct[0] * *2+direct[1] * *2);
    dip=(-direct[0])/scale;
    dip=acos(dip) * 180/pi;
    return dip,scale


# Export the joint information to 颗粒流分析软件 model
def Joint_to_颗粒流分析软件(mdb,partname,filename,domain=[1,
1]):
```

```
f=open(filename,'w+')
f. write('model new\n')
f. write('model title \"Jointed Rock Simulation\"\n')
f. write('; Set the domain extent\n')
f. write('model domain extent %4. 2f %4. 2f %4. 2f %4. 3f\n' % (-0. 25 *
domain[0],1. 25 * domain[0],-0. 25 * domain[1],1. 25 * domain[1]))
f. write('contact cmat default model linearpbond property kn 5e7 dp_nra-
tio 0. 5 \n')
f. write('; Generate walls \n')
f. write('wall generate box %4. 2f %4. 2f %4. 2f %4. 2f\n' % (0,do-
main[0],0,domain[1]))
f. write('; Distribute balls in the box. \n')
f. write('model random 1001\n')
f. write('ball distribute porosity 0. 15 radius %f %f box    %4. 2f %4.
2f %4. 2f %4. 3f\n' % (domain[0]/125. 0,domain[1]/100. 0,0,domain[0],
0,domain[1]))
f. write('; Set ball attributes\n')
f. write('ball attribute density 1000. 0 damp 0. 7\n')
f. write('; Calm the system\n')
f. write('model cycle 1000 calm 10\n')
f. write('; Solve the system to a target limit (here the average force
ratio)\n')
f. write('; Use density scaling to quickly reach equilibrium\n')
f. write('model mechanical timestep scale\n')
f. write('model solve ratio-average 1e-3\n')
f. write('model mechanical timestep auto\n')
f. write('model calm\n')
f. write('; delete walls\n')
f. write(' wall delete\n')
f. write('; Install parallel bonds to particles in contact \n')
f. write('; assign very high strength to prevent breakage\n')
```

f. write('contact method bond gap 0. 0\n')

f. write('contact property pb_kn 1e8 pb_ks 1e8 pb_ten 1e12 pb_coh 1e12 pb_fa 30. 0 \n')

f. write(' ; Reset ball displacement \n')

f. write('ball attribute displacement multiply 0. 0 \n')

f. write(' ; Set linear stiffness to 0. 0 and force a reset of linear contact forces. \n')

f. write('contact property kn 0. 0 lin_force 0. 0 0. 0 \n')

f. write('ball attribute force－contact multiply 0. 0 moment－contact multiply 0. 0 \n')

f. write('model cycle 1 \n')

f. write('model solve ratio－average 1e－5 \n')

f. write('model save \' intact\'\n')

p＝mdb. models['Model－1']. parts[partname]

v＝p. vertices

e＝p. edges

e0＝e[0:0];e1＝e0;

for i in range(len(e)):

　ix＝0

　et＝e[i]

　vt＝et. pointOn

　if abs(vt[0][0])＜1e－3 or abs(vt[0][1])＜1e－3 or abs(vt[0][0]－domain[0])＜1e－3 or abs(vt[0][1]－domain[1])＜1e－3:

　　　e0＝e0+e[i:i+1]

　　else:

　　e1＝e1+e[i:i+1]

　for i in range(len(e1)):

　　vt＝e1[i]. getVertices()

　　vl＝[v[vt[0]]. pointOn[0][0],v[vt[0]]. pointOn[0][1],v[vt[1]]. pointOn[0][0],v[vt[1]]. pointOn[0][1]]

```python
        pos=[vl[0]/2.0+vl[2]/2.0,vl[1]/2.0+vl[3]/2.0]
        [dip,scale]=direct_scale(vl)
        f.write('fracture create ...\n')
        f.write('          position (%f, %f) ...\n' % (pos[0],pos[1]))
        f.write('          dip %f ...\n' % dip)
        f.write('          size %f ...\n' % scale)
        f.write('          dfn \"Joint\" \n')
    #f.write('program call \'Fracture\'\n')
    f.write('fracture property ...\n')
    f.write('          \'sj_kn\' 2e9 \'sj_ks\' 2e9 \'sj_fric\' 0.70 ...\n')
    f.write('          \'sj_coh\' 0.0 \'sj_ten\' 0.0 \'sj_large\' 1\n')
    f.write(';Apply smoothjoint contact model to contacts intercepted by fracture\n')
    f.write('fracture contact-model model \'smoothjoint\' install \n')
    f.write(';Ensure new contacts intersecting the fracture are set to the sj contact model \n')
    f.write('fracture contact-model model \'smoothjoint\' activate \n')
    f.write('model save \'Joint_Rock\'\n')
    f.close()



# Export joint information to 二维离散元软件
def Joint_to_二维离散元软件(mdb,partname,filename,domain=[1,1]):
    f=open(filename,'w+')
    f.write('new\n')
    f.write('round 0.001\n')
    f.write('block  0 0 0 %4.2f %4.2f %4.2f %4.3f 0\n' % (domain[1],domain[0],domain[1],domain[1]))
    p=mdb.models['Model-1'].parts[partname]
    v=p.vertices
```

```
e=p. edges
e0=e[0:0];e1=e0;
for i in range(len(e)):
    ix=0
    et=e[i]
    vt=et. pointOn
if abs(vt[0][0])<1e-3 or abs(vt[0][1])<1e-3 or abs(vt[0][0]-do-
main[0])<1e-3 or abs(vt[0][1]-domain[1])<1e-3:
        e0=e0+e[i:i+1]
    else:
        e1=e1+e[i:i+1]
for i in range(len(e1)):
    vt=e1[i]. getVertices()
    vl=[v[vt[0]]. pointOn[0][0],v[vt[0]]. pointOn[0][1],v[vt[1]].
pointOn[0][0],v[vt[1]]. pointOn[0][1]]
        f. write('crack (%f, %f) (%f, %f)\n' % (vl[0],vl[1],vl[2],vl
[3]))
        f. close()
```